Nadine Weber

Meso- und mikroskalige Untersuchungen von Landoberflächentemperaturen

Nadine Weber

Meso- und mikroskalige Untersuchungen von Landoberflächentemperaturen

Eine Fallstudie in Berlin

Südwestdeutscher Verlag für Hochschulschriften

Impressum / Imprint
Bibliografische Information der Deutschen Nationalbibliothek: Die Deutsche Nationalbibliothek verzeichnet diese Publikation in der Deutschen Nationalbibliografie; detaillierte bibliografische Daten sind im Internet über http://dnb.d-nb.de abrufbar.

Bibliographic information published by the Deutsche Nationalbibliothek: The Deutsche Nationalbibliothek lists this publication in the Deutsche Nationalbibliografie; detailed bibliographic data are available in the Internet at http://dnb.d-nb.de.

Verlag / Publisher:
Südwestdeutscher Verlag für Hochschulschriften
ist ein Imprint der / is a trademark of
OmniScriptum GmbH & Co. KG
Heinrich-Böcking-Str. 6-8, 66121 Saarbrücken, Deutschland / Germany
Email: info@svh-verlag.de

Herstellung: siehe letzte Seite /
Printed at: see last page
ISBN: 978-3-8381-1157-5

Zugl. / Approved by: Berlin, Humboldt-Universität zu Berlin, Dissertation, 2009

Inhaltsverzeichnis

Abbildungsverzeichnis

Tabellenverzeichnis

Abkürzungsverzeichnis

ARES	Airborne Reflective / Emissive Spectrometer
ASTER	Advanced Spaceborne Thermal Emission and Reflection Radiometer
ATCOR	Atmospheric Correction Algorithm
AVHRR	Advanced Very High Resolution Radiometer
DN	Digital Number
DWD	Deutscher Wetterdienst
ERDAS	Earth Resources Data Analyses System
ETM+	Enhanced Thematic Mapper Plus
FOV	Field of View
GCM	General Circulation Models, Atmosphäre-Ozean-Zirkulationsmodelle
GCP	Ground Control Points, Passpunkte
GFZ	GeoForschungszentrum Potsdam
GIS	Geographisches Informationssystem
HCMM	Heat Capacity Mappping Mission
IPCC	Intergovernmental Panel on Climate Change
LCCP	London Climate Change Partnership report
LST	Land Surface Temperature, Landoberflächentemperaturen
NASA	National Aeronautics and Space Administration
NDVI	Normalized Differenced Vegetation Index, normalisierter differenzierter Vegetationsindex
NOAA	National Oceanic and Atmospheric Administration
RMS	Root Mean Square Error
SUHI	Surface Urban Heat Island, Oberflächenwärmeinsel
SVF	Sky View Faktor
TIR	Thermales Infraot
UBL	Urban Boundary Layer, Stadtgrenzschicht
UCL	Urban Canopy Layer, Stadthindernisschicht
UHI	Urban Heat Island, städtische Wärmeinsel
UIS	Umweltinformationssystem der Senatsverwaltung für Stadtentwicklung Berlin
UNFPA	United Nations Population Fund
UTM-Koordinaten	Universal Transverse Mercator Koordinaten-Referenzsystem
VNIR	Visible and Near Infrared, sichtbares und nahes Infrarot

Symbolverzeichnis

ε	Emissionskoeffizient
α	Absorptionskoeffizient
λ	Wellenlänge
Q^*	Strahlungsbilanz der Erde
S+D	Direkte und diffuse Einstrahlung
R_k	Reflexion der kurzwelligen Strahlung
Q_A	Anthropogene Wärmeproduktion
Q_S	Turbulenter Fluss sensibler Wärme
Q_L	Turbulenter Fluss latenter Wärme
Q_G	Bodenwärmestrom
G	Gegenstrahlung
σ	Stefan-Boltzmann-Konstante
T	Temperatur
CO_2	Kohlendioxid
H_2O	Wasserdampf
O_3	Ozon
K	Kurzwellige Strahlung
L	Langwellige Strahlung
S_A	Ausstrahlung
κ	Kanalnummer des Sensors
c0, c1	Konvertierungskoeffizient des Sensors

Danksagung

An erster Stelle möchte ich mich bei meinem Doktorvater Prof. Dr. Wilfried Endlicher bedanken, der mir die Chance zur Erstellung dieser Arbeit und die Freiheit der Ausgestaltung dieser interessanten Aufgabenstellung erst ermöglichte.

Des Weiteren möchte ich mich bei den Mitgliedern und ehemaligen Mitarbeitern der klimatologischen Abteilung des Geographischen Instituts der Humboldt-Universität zu Berlin bedanken, die immer ein offenes Ohr für Fragen und Probleme hatten und mit ihrem Fachwissen und ihrer konstruktiven Kritik eine stetige Quelle für Anregungen waren.

Mein ganz persönlicher Dank gilt meiner Familie, für ihre immerwährende Unterstützung in allen Belangen. Insbesondere danke ich meinem Mann, der während meines Studiums und meiner Promotionsphase immer für mich da war. Meinen beiden Kindern danke ich besonders dafür, dass sie mich immer wieder auf den Boden der Tatsachen geholt haben.

I. Kapitel

Einleitung und Forschungsansatz

I.1 Einleitung

Im Jahr 2008 wird ein monumentaler Meilenstein der Stadtentwicklung erreicht werden. Zum ersten Mal werden mehr als die Hälfte aller Menschen, 3,3 Milliarden, in urbanen Gebieten leben. In Europa beträgt der in Städten lebende Bevölkerungsanteil bereits mehr als 70 % (UNFPA, 2007). In Asien und Afrika wird sich die Bevölkerung in derartigen Ballungsräumen zwischen 2000 und 2030 verdoppelt haben. All diese Menschen sind unmittelbar von den Lebensbedingungen in diesen Städten betroffen.

Bei der Urbanisierung handelt es sich um den extremsten Fall der Oberflächen- und Flächennutzungsveränderungen. Künstliche Materialien, anthropogen geprägt, modifizieren im Gegensatz zur natürlichen Landschaft sowohl die Strahlungsbilanz als auch die turbulenten Energieflüsse. Bis in die kleinsten Raumdimensionen erfolgt hier eine Beeinflussung des Klimas; dies beinhaltet Veränderungen in der Atmosphäre, im Wasserkreislauf und im Ökosystem. Infolge der unterschiedlichen Oberflächenbedeckungsarten und Baukörperstrukturen bilden sich innerhalb des Mesoklimaraumes „Stadt“ unterschiedlichste Mikroklimate aus. Dazu zählen beispielsweise solche von Innenhöfen, Mikroklimate innerhalb von Blockbebauungen oder innerhalb von Einfamilienhäusern (MATZARAKIS ET AL., 1998). Die physikalischen Charakteristiken großer Städte sind tiefgreifend anders im Vergleich zu ländlichen

Gegebenheiten. Diese Unterschiede bewirken und beeinflussen die Umgebungseigenschaften durch Veränderungen der Massen- und Energieflüsse. Das Stadtbild ist überwiegend geprägt durch Straßen, Dächer und Gebäude. Diese anthropogenen Materialien weisen wesentlich höhere Wärmekapazitätsdichten und Wärmeeindringkoeffizienten auf als natürliche (OKE, 1987). Ein weiterer Aspekt ist, dass bei unterschiedlicher Landnutzung Ungleichheiten in den Oberflächeneigenschaften (z.B. Albedo, Emissionsvermögen, Bodenbewuchs und Rauigkeit) auftreten, die entsprechende Modifikationen bei der Energieumsetzung, auf teilweise kleinstem Raum, zur Folge haben. Aus der erhöhten Energieaufnahme dieser Materialien resultiert eine positive Strahlungsbilanz innerhalb der Stadtgrenzen.
Als Konsequenz bedeutet dies besonders für die Nachtstunden in anthropogen geprägter Umgebung, bei entsprechender vorangegangener Einstrahlung, höhere Energieflussdichten und damit verbunden erhöhte Luft- und Oberflächentemperaturen. Ferner beeinflussen zeitlich invariante Klimafaktoren, wie Bodenart, Hangneigung und Höhenlage die Energieumsetzung und somit das lokale und regionale Klima. Das Phänomen der erhöhten städtischen Temperaturen im Unterschied zum Umland wird auch als städtische Wärmeinsel (UHI) bezeichnet. Es handelt sich dabei um den deutlichsten Ausdruck des Einflusses menschlicher Aktivität auf das Klima auf lokalem Level. Je größer eine Stadt und je dichter ihre Bebauungstruktur, umso intensiver sind die Temperaturunterschiede von 10 K und mehr zwischen ($\Delta(\max)T_{urban} - T_{rural}$) (ENDLICHER, 2006).

Häufig stützen sich stadtklimatologische Untersuchungen und Modellierungen aus Zeit- und Kostengründen auf großräumige, satellitenbasierte Messungen (GALLO ET AL., 1996, VOOGT & OKE, 2003, WENG ET AL., 2004b, XIAN & CRANE, 2006).
Die in den letzten Jahren wesentlich verbesserte Auflösung dieser Daten ermöglicht die Untersuchung der thermischen Komponente der Stadt und gestattet es, diese mit der Stadtstruktur in Relation zu setzen (CARNAHAN & LARSON, 1990). Für detaillierte Aussagen, vor allem im mikroskaligen Bereich, ist es dabei notwendig, Satellitendaten mit kleinräumigen Untersuchungen zusammenzuführen und gemeinsam auszuwerten. Das Verständnis der Beziehungen zwischen „grobskaligen“ Satellitendaten und „feinskaligen“ Messungen macht es erst möglich, den Urbanisierungeinfluss in seinem ganzen Ausmaß abschätzen zu können. Dieses

Wissen kann als Modellinput für meso- und mikroskalige Berechnungen sowie für gezielte Planungsansätze im kleinräumigen Bereich eingesetzt werden (HARTZ, 2005).

Eine wachsende Zahl an Publikationen (OKE, 1982, VOOGT & OKE, 1997, 2003, WENG, 2004, NICHOL, 1994, 1996, 1998, HARTZ, 2005, KUEPPERS, 2008) befasst sich mit der angewandten Stadtklimatologie. In der Stadtklimatologie ist qualitativ schon viel Wissen bekannt, was jedoch fehlt, sind konkrete Angaben funktioneller Beziehungen zwischen Kenngrößen des Stadtklimas und „unabhängigen" Stadtklimavariablen, wie zum Beispiel dem Anteil der versiegelten Fläche (MAYER, 1992).
Betrachtet man die Stadt räumlich differenziert, dann sind nutzungsbezogene Aussagen in Zahl und Maß bzw. funktionelle Beziehungen zwischen Klimavariablen und Stadtkennzeichen (Bebauungsstruktur, Versiegelungsgrad etc.) notwendig.

Gegenstand dieser Arbeit ist die exemplarische Untersuchung der Landoberflächentemperaturen (LST) durch die Analyse ihrer Ursachen sowie der Betrachtung von Auswirkungen einzelner beschriebener kleiner Modifikationen innerhalb der europäischen Metropole Berlin.
Das Augenmerk liegt dabei nicht nur in der räumlichen und temporären Verteilung der LST, sondern insbesondere auf ihren Ursachen und Auswirkungen innerhalb von Mikroklimaten bis hin zu einzelnen Materialien. Deshalb ist es sinnvoll, bei der Auswertung nicht nur auf hochauflösende Satellitendaten zurückzugreifen, sondern die Messungen auf das kleinräumige Klima auszuweiten, beispielsweise durch den Einsatz einer Thermalbildkamera. Der Einfluss der Temperatur auf das Mikroklima Berlins wird im Rahmen dieser Arbeit dabei einerseits durch die Auswertung von Satellitendaten im Mesomaßstab und andererseits durch zusätzliche Messungen innerhalb eines ausgewählten Teils der Berliner Innenstadt mit einer Thermalbildkamera im Mikromaßstab analysiert und bewertet.
Das Mosaik der Oberflächen eines urbanen Standortes ist prinzipiell überall verschieden. Es ist jedoch möglich, unter Berücksichtigung gewisser Schematisierungen, diesen Flächen relativ einheitliche physikalische Eigenschaften hinsichtlich des Energieumsatzes zuzuordnen. Dadurch ist eine Vergleichbarkeit zwischen unterschiedlichen Baukörperstrukturen gleichermaßen wie zwischen verschiedenen Städten gewährleistet (WEISCHET, 1975). Eigenschaften des

städtischen Klimas sind generell vergleichbar auf der ganzen Welt. Die regionalen und lokalen Situationen des urbanen Klimas, die verfügbare Infrastruktur und die lokal ökonomischen Strukturen modifizieren das lokale anthropogene Klima (WIENERT, 2002). Damit ist eine Evaluierung der Beziehung zwischen der Bodenbedeckungssituation und den Oberflächentemperaturen möglich. Die Verfahren und Ergebnisse sollen dabei möglichst anwenderorientiert sein, wobei die planerische Umsetzung der Ergebnisse in dieser Arbeit nicht im Vordergrund steht.

Die vorliegende Arbeit entstand im Rahmen der Großstadt- und Metropolenforschung des Geographischen Institutes der Humboldt-Universität zu Berlin.

I.2 Überblick über den Stand der Forschung

Schon vor mehr als 2000 Jahren im alten Rom hat sich der Architekt und Ingenieur Vitruvius in seinem Buch „De architectura libri decem“ mit dem Layout von Städten beschäftigt und interessierte sich dafür, wie bereits einzelne Gebäude das Klima verändern können (MORGAN, 1960). Das natürliche Empfinden einer positiven oder auch negativen Beeinflussung der klimatischen Lebensbedingungen durch gegebene Konstellationen ist nicht unbekannt. Das Problembewusstsein existiert schon lange, bedauerlicherweise wird es häufig aus unterschiedlichsten Gründen nicht beachtet oder verdrängt.

Ursachen des Stadtklimas beruhen auf drei maßgeblichen, direkt und indirekt wirkenden Faktoren, die auf die unterschiedliche Flächennutzung von bebauten und nicht bebauten Gebieten zurückzuführen sind:

- Umwandlung ursprünglich natürlichen Bodens in versiegelte, überwiegend aus künstlichen Materialien bestehende Flächen mit starker drei-dimensionaler Strukturierung,
- Reduzierung der mit Vegetation bestandenen Flächen,
- Freisetzung von gasförmigen, festen und flüssigen Luftbeimengungen, sowie von Abwärme aus technischen Prozessen.

I.2.1 Die thermische Komponente des Stadtklimas

Das Stadtklima ist ein sehr komplexes Phänomen, mit einer Vielzahl von Bestimmungsgrößen. Schlüsselfunktionen nehmen dabei die Durchlüftung, die Aerosolbelastung und die thermischen Bedingungen ein (WEISCHET, 1977).

Die im Vergleich zu ruralen Gebieten erhöhten Temperaturen innerhalb von Städten sind bereits seit HOWARD (1883) mehrfach belegt. HOWARD führte Untersuchungen zum Londoner Klima durch und wies damit als Erster das Phänomen der städtischen Wärmeinsel (UHI) nach. Lange Zeit wurden die Untersuchungen auf konventionelle Weise durchgeführt, durch Messungen von Lufttemperaturen, stationär an Klimastationen oder mobil durch Messfahrten (CHANDLER, 1976, LANDSBERG, 1976, OKE, 1982). Die Datensammlungen bestanden überwiegend aus Bodenmessungen der unteren und oberen Luftschichten.

Nichtsdestotrotz besteht noch immer ein hoher Bedarf am grundlegenden energetischen Verständnis dieses Phänomens durch Feldbeobachtungen, numerische und Maßstabs-Modelle der urbanen und ruralen Umgebung (OKE, 1982, BORNSTEIN, 1986, WENG & QUATTROCHI, 2006).

Die Oberflächentemperatur ist von primärer Bedeutung zur Analyse der Stadtklimatologie. Sie modelliert die Lufttemperatur der unteren Schichten der Stadtatmosphäre und ist ein zentraler Faktor der Energiebilanz der Oberflächen. Durch die Weiterentwicklung der thermalen Fernerkundungs-Technologien wurde es möglich, Messungen am Boden mit Fernerkundungsdaten zu kombinieren und somit zusätzliche Informationen durch den Einsatz von Satelliten und Flugzeugen für Untersuchungen zur UHI und ihren Ursachen einsetzen zu können (VOOGT & OKE, 2003, STREUTKER, 2002). Mitte der 70er-Jahre bildeten aus Flugzeugen aufgenommene Thermalbilder eine neue Ebene der Informationsbeschaffung. BYRNE stellte bereits 1979, mit Hilfe von Fernerkundungsmethoden, eine Differenz zwischen der Lufttemperatur und der wesentlich wärmeren Oberflächentemperatur von mehr als 20 Kelvin fest.

Bei der Analyse der Temperaturmessungen wurden zwei Typen der UHI definiert. Es hat sich gezeigt, dass es sinnvoll ist, die urbane Atmosphäre in die Stadthindernisschicht (UCL) und die Stadtgrenzschicht (UBL) zu gliedern (OKE, 1976). Die Schicht der UCL ist im Dachniveau der Stadt anzusiedeln und besteht aus unzähligen Mikroklimaten, hervorgebracht durch die heterogene Natur der Stadt und die dazugehörigen individuellen Elemente im kleinräumigen Maßstab (ROTH ET AL., 1989). Auswirkungen der UBL, beeinflusst durch die UCL, sind noch im Umkreis von über einem Kilometer nachweisbar (OKE, 2003). Wärmeinselstudien wurden traditionell lokal mit Messungen der Lufttemperatur durchgeführt. Das Konzept der verschiedenen Maßstäbe ist von fundamentaler Bedeutung, wenn man die Interaktion der städtischen Oberflächen miteinander verstehen möchte (ARNFIELD, 2003). Ihre zugrunde liegenden Mechanismen sind verschieden.

Im Gegensatz zu den direkt gemessenen UHIs der Atmosphäre durch Lufttemperaturmessungen der Netzwerke diverser Wetterstationen benötigt die Oberflächenwärmeinsel (SUHI) fernerkundlich gemessene Informationen über die aufliegende Atmosphäre und die Strahlungseigenschaften der verschiedenen Oberflächen. Die Oberflächenwärmeinsel ist charakterisiert durch die Landoberflächentemperaturen und kann des Weiteren mit Fernerkundungsmethoden betrachtet werden. Satellitenbasierende Messungen der LST wurden in zahlreichen

Wärme-Bilanz-, Klimamodellen und Globalmodellen angewandt (VOOGT & OKE, 2003). Es ist bekannt, dass atmosphärische UHIs in der Nacht am größten sind. Die auf Thermaldaten basierenden Untersuchungen von PARLOW (1998, 1999) zeigten, dass das Phänomen einer städtischen Wärmeinsel vor allem eine Nachtsituation darstellt. Das Vorhandensein einer atmosphärischen Wärmeinsel setzt nicht die Existenz einer Oberflächenwärmeinsel voraus (ROTH ET AL., 1989). Das Phänomen der SUHI wurde in verschiedenen Klimastudien durch die Analyse der Beziehung zwischen der LST und der Urbanisation betrachtet (CARLSON & ARTHUR, 2000, WENG, 2001). In der Literatur werden häufig Begriffe wie *canopy temperature* und *surface temperature* verwendet, um die Temperatur an den Berührungsflächen zwischen Bodenbedeckung und Atmosphäre zu beschreiben. Explizite Definitionen sind bei NORMAN & BECKER (1995) nachzulesen.

Die erste speziell der thermalen Infrarot-Erkundung (TIR–Erkundung) dienende Mission war die Heat Capacity Mapping Mission (HCMM) im Jahr 1978. Ältere satellitenbasierte Studien mussten sich mit niedriger auflösenden Bildern (> 600 m) zufriedenstellen und konnten sich demzufolge nur auf Untersuchungen von möglichst homogenen Bereichen in ländlichen Gebieten konzentrieren (PRICE 1979, CARLSON, 1986, FOSTER ET AL., 1981, VUKOVICH, 1983, WINIGER, 1984, GOSSMANN, 1984, CASELLES & VALOR, 1996). Damit war hauptsächlich ein Vergleich der Temperaturunterschiede zwischen Städten und ihrem Umland möglich (PRICE, 1979, ROTH ET AL., 1989, VUKOVICH, 1983, BALLING & BRAZELL, 1988, HENRY ET AL., 1989). Einer der ersten satellitengestützten Berichte über Oberflächenwärmeinseln wurde bereits Anfang der 70er-Jahre veröffentlicht (RAO, 1972). Hauptaussage dieser Untersuchung war, dass im Einzelnen gezeigt werden konnte, dass bei satellitengestützten Untersuchungen die Oberflächentemperaturen am größten am Tag und am geringsten in der Nacht sind (CARLSON ET AL. 1981, VUKOVICH 1983, LOMBARDO, 1985).

CARLSON (1981) und VUKOVICH (1983) zeigten beide eine am Tag viel stärkere Angebundenheit an die Landnutzungseigenschaften (wie Parks, Wasserflächen und Industrieflächen) als während der Nacht, wobei Gewerbegebiete als besonders warme Bereiche hervortraten (ROTH ET AL. 1989). Ziel war es, mit einer besseren Auflösung als bei Wettersatelliten, thermale Informationen zur Landoberfläche zu erhalten, um so Rückschlüsse auf deren Temperaturen und Emissivität ziehen zu können.

Über den Einsatz der thermalen Infrarot-Erkundung in geländeklimatologischen und geoökologischen Fragestellungen wurde in den 80er-Jahren in mehreren grundlegenden Arbeiten erstmals mit digital zur Verfügung stehenden Thermalbilddaten an der Universität Freiburg gearbeitet (GOSSMANN 1977, ENDLICHER 1980, ENDLICHER & GOSSMANN 1986, ENDLICHER, 1988). In Deutschland wurden TIR-Systeme zusammen mit Farb- und Farbinfrarotluftbildern erstmals durch SCHNEIDER ET AL. (1974) in Untersuchungen über die Belastung der Saar und des mittleren Oberrheins durch aufgeheizte Industrie- und Kraftwerksabwässer eingesetzt.
FEZER (1975) nutzte Thermalbilder zur Abschätzung der Wärmeverteilung innerhalb der Stadt, zur Feststellung von Wärmeinseln und damit auch zur Erstellung von Klimafunktionsdaten, die eine Bewertung der Wohnqualität zuließen.

Der große Vorteil der Fernerkundungsdaten für die Untersuchung der urbanen Oberflächentemperaturen liegt in der Möglichkeit, dass über die gesamte Stadt eine zeitsynchrone Aufnahme erfolgt. Die Analyse fernerkundlicher Untersuchungen mit Flugzeugen oder Satelliten erfordern hinreichende Fachkenntnisse (PRICE, 1979, VUKOVICH, 1983). Mitte der 70er-Jahre bildeten aus Flugzeugen aufgenommene Thermalbilder eine neue Ebene der Informationsbeschaffung (ENDLICHER, 1980, WEISCHET, 1975).
An Bord der Satelliten messen Sensoren die Spektralstrahlung oder auch Strahlungstemperaturen. Exakte Definitionen der fernerkundlichen Variablen sind notwendig, um die erhaltenen Informationen präzise verstehen und ihre Beziehungen zu aktuellen Oberflächeneigenschaften erfassen zu können. Thermale Fernerkundungsmessungen der städtischen Oberflächentemperaturen sind beeinflusst durch die atmosphärische Strahlung sowie durch radiometrische Probleme. Die ermittelten Oberflächentemperaturen beinhalten Effekte der strahlungs- und thermodynamischen Oberflächeneigenschaften, einschließlich der Oberflächenfeuchte, der Wärmeaufnahme und der Oberflächenemissivität, die den Strahlungsinput der Oberflächen von der Sonne und der Atmosphäre sowie den turbulenten Transfer der Oberflächen beeinflussen (vgl. Kapitel II). Diese Effekte

können zu Fehlern der resultierenden Landoberflächentemperaturen führen, die minimiert werden müssen.

Trotz des gestiegenen Interesses für das Mikroklima der Städte waren satellitenbasierte Studien häufig auf die Untersuchung von Wärmeinseln und die Erstellung von Landnutzungskarten unter Zuhilfenahme konventioneller Bildklassifikationen beschränkt (RICHARDS, 1993).
Die thermischen Charakteristika von Materialien innerhalb einer Stadt (Asphalt, Glas, Beton) unterscheiden sich teilweise erheblich von denen in ländlicheren Gebieten (Bäume, Gras, Erde). Konstruktionsmaterialien tragen durch ihr größeres Vermögen der Wärmespeicherung dazu bei, die Intensität der Wärmeinsel zu erhöhen.
OKE (1991) argumentierte, dass Unterschiede in den Materialien (z.B. das thermische Speicherungsvermögen) und die verwinkelten Strukturen (Straßengeometrie) zwei entscheidende Gründe für die Ausbildung von Wärmeinseln sind. Weitere Faktoren sind anthropogen geprägte Wärmequellen, sowie Luftverschmutzungen und die Reduzierung der Verdunstung. Daraus geht hervor, dass das Klima in der Stadt beeinflusst wird von Faktoren wie der Landnutzung, der Gebäudegeometrie und den Gebäudematerialien. Diese Einflüsse bilden die Interessengrundlage dieser Studie.
Aktuelle Veröffentlichungen über die Analyse städtischer Oberflächentemperaturen beziehen sich mehrfach auf Satellitenmessungen. Eine Zusammenstellung der gegenwärtigen Publikationen ist bei OKE (2003) und ARNFIELD (2003) zu finden.

Eine Vielzahl von Satellitenplattformen mit wesentlich verbesserter Auflösung ist im Laufe der Zeit hinzugekommen. Einige Sensoren sind in Tabelle 1 exemplarisch aufgelistet.[1]

[1] Diese Zusammenstellung soll vor allem verdeutlichen, warum der ASTER- und der Landsat-Sensor gewählt wurde, unabhängig von dem Hintergrund, dass diese Daten am Institut frei verfügbar waren. Es handelt sich keinesfalls um eine vollständige Erfassung aller Sensorplattformen. Satelliten, die ausschließlich der meteorologischen Datenerfassung oder der Erfassung von Ozeaneigenschaften dienen, ebenso wie Radar-Sensoren, wurden in der Zusammenstellung nicht berücksichtigt. Eine Vielzahl von Satelliten enthalten keine thermalen Sensoren oder aber liefern Thermaldaten in einer Auflösung, die für den Zweck der Untersuchung von städtischen Oberflächentemperaturen kaum verwendbar sind. Die preislichen Unterschiede für Satellitenprodukte sind dabei teilweise enorm. Je nach Qualität kann es sich um mehr als tausend Dollar handeln.

NOAA-AVHRR ist eine Satelliten-Plattform, die häufig für die Analyse von Landoberflächentemperaturen genutzt wurde (BALLING & BRAZEL, 1988, CASELLES ET AL., 1991, GALLO ET AL., 1993, EPPERSON, 1995, STREUTKER, 2002). In den Jahren 1982 bis 1999 war Landsat 4/5 TM der einzig verfügbare hochauflösende Satellitensensor mit einem thermalen Spektralband. Sein Nachfolger Landsat 7 mit deutlich verbesserter Auflösung (im Thermalbereich von 60 m), kommt in aktuelleren Studien häufig zum Einsatz (CARNAHAN & LARSON, 1990, PARLOW, 1999, NICHOL, 1996, RIGO ET AL., 2006). Erst 1999 wurde Landsat 7 ETM+ (ein Thermalband) vom ASTER Sensor (fünf Thermalbänder) ergänzt.

BÄRRING & MATTSON, 1985 sowie RIDD, 1995 hielten fest, dass wesentlich mehr biophysikalische Informationen aus den Satellitenbildern abgeleitet werden können, als es bis dahin der Fall war.

Um weitergehende Informationen auch außerhalb der thermischen Komponente zu erhalten, werden außer den Thermalbändern weitere spektrale Kanäle ausgewertet; eine Überlagerung mit verschiedenen Sensoren ist eine zusätzliche Möglichkeit. Gerade räumlich hochauflösende Bilddaten erlauben eine detailgetreue Analyse zum Beispiel der Bebauungsstrukturen und der daraus abgeleiteten Stadtstrukturtypen (SPITZER & HEIN, 1997). Dieses Wissen kann im Nachhinein wieder mit thermalen Informationen verknüpft werden. Wiederholt werden Beziehungen zwischen der Variabilität des normalisierten differenzierten Vegetationsindex (NDVI) und der Pixelgröße (JASINKSKI, 1990) zur Abschätzung der bioklimatischen Verhältnisse und Einflüsse betrachtet. Vergleiche des NDVI mit anderen Messergebnissen, wie Pflanzenspezifikationen (CASELLES & VALOR, 1996), Blattgröße (ASRAR ET AL., 1984) und der Vegetationsvielfalt (CARSON ET AL., 1994, GALLO & OWEN, 1998, GILLES ET AL., 1997, GOWARD ET AL. 2002, WENG, 2001, 2004) sind des Öfteren Gegenstand von Studien.

Analysen zur Landnutzungsveränderung und der Digitalisierung aktueller Oberflächenbedeckungen führten unter anderem NICHOL (1996), VOOGT & OKE (1997), GALLO & OWEN (1998), DOUSSET (2003) und CHENG ET AL. (2008, in press) durch.

Tabelle 1 Zusammenstellung einiger ausgewählter Satellitensensoren

SATELLIT	**HCMM**	**IKONOS**	**ASTER**	**QUICK-BIRD**	**AVHRR MODIS**	**LANDSAT-5**	**LANDSAT 7 ETM+**	**IRS-1C**	**ORBVIEW**	**SPOT**
Betreiber	NASA	Firma GeoEye	NASA	EURIMAGE	NOAA	NASA	NASA	Indien	Orbital Image Corporation und Orbital Sciences Corporation	SPOT Image
Flughöhe	620 km	681 km	705 km	450 km	833 km	705 km	705 km	904 km	470 km	830 km
Wieder-holrate	16 Tage	14 Tage	16 Tage	20 Tage	zweimal am Tag / globale Abdeckung alle 1-2 Tage	16 Tage	16 Tage	22 Tage	1-3 Tage	21 Tage
Räumliche Auflösung	600 m	1 m Graustufe (Nadir) 4 m (ms)	15 m (VNIR) 30 m (SWIR) 90 m (TIR)	0,61 m (Nadir) 2,44 m (ms)	1,1 km /1000 m (TIR)	15 m (PAN) 30 m (ms) 60 m (TIR)	15 m (PAN) 30 m (ms) 60 m (TIR)	5,8 m (Pan)	1 m (Pan), 4 m (ms)	10 m (Pan) 20 m (ms)

Eine weitere Analysevariante ergibt sich durch die Darstellung aller Energiebilanzgleichungsterme als eine Funktion der Oberflächentemperatur.
Damit entsteht die Möglichkeit der Modellierung des Wärmeinselphänomens. Fernerkundungsdaten, meteorologische Messungen sowie Bodenmessungen werden dazu mit Modellierungen gekoppelt. Das ein-dimensionale Modell von CARLSON, DODD, BENJAMIN & COOPER (1980) diente beispielsweise der Modellierung von Energieflüssen zur Betrachtung der thermischen Eigenschaften, bezogen auf ihre Oberflächencharakteristik. Neuere Modelle betrachten Gebiete als drei-dimensionalen Raum (BRUSE, 2007). Eine genaue Kenntnis des Modellinputs ist unbedingt erforderlich. Die Oberflächentemperatur ist dabei ein sinnvoller Parameter als Modellinput, um Flüsse kalkulieren zu können. Sie ist allerdings nur dann repräsentativ, wenn bei Modellierungen auch die vertikalen Ebenen berücksichtigt werden (ROTH ET AL., 1989). Informationen über das Verhalten der LST bezüglich vertikaler Gebäudestrukturen fehlen noch in fast allen Modellen.

I.2.2 Belastungsklima und Klimawandel in der Stadt

Ein entscheidender Bezugsfaktor für die Bewertung des Stadtklimas ist das Wohlbefinden des Menschen. Als eindeutige Belastungsfaktoren können die strahlungsbedingte Aufheizung der Siedlungsflächen am Tage sowie die Behinderung der nächtlichen Abkühlung genannt werden (Stadtklima Münster, 1992), welche bei sommerlichen Hitzewellen erhebliche Auswirkungen auf die menschliche Gesundheit haben können (s. S. 13).
Es muss allerdings auch angemerkt werden, dass die Erwärmung des Stadtkörpers nicht nur negative Folgen hat; positive Auswirkungen sind die Temperaturerhöhung während der Wintermonate im Vergleich zum Umland und der daraus resultierende geringere Energieverbrauch für Heizleistungen, in der Landwirtschaft können Ertragssteigerungen denkbar sein, es wird allerdings nie Gewinner des Klimawandels geben.
Davon nicht unbeeinflusst bleiben die in diesen Räumen lebenden Menschen und auch Tiere. SUKOPP & KOWARIK (1983) fanden die reichste Flora zwischen der City und dem Rand von Berlin. Schmetterlingsarten wandern aus eigener Kraft ein, in der wärmeren Stadt können sich andere Arten halten und weiter vermehren. Im angrenzenden, kühleren Freiland können sich nur davon nur wenige Gattungen fortpflanzen.

Sobald die Umgebungstemperaturen 25 °C überschreiten, ist der belastende Einfluss auf den Menschen erheblich. Jeder weitere Grad veranlasst das Herz dazu, pro Minute einmal mehr zu schlagen, in feuchter Luft werden es sogar 2–4 Schläge zusätzlich (BROSI, 1977). Besonders belastend wird es, wenn nachts das Minimum der Lufttemperatur über 20 °C bleibt, was laut Definition als „Tropennacht" bezeichnet wird (DWD, 2008); dann ist es dem Menschen kaum noch möglich, tief zu schlafen (MORIYAMA & MATSUMOTO, 1988). Die Mess-Station *Berlin-Alexanderplatz* des Deutschen Wetterdienstes (DWD) (in unmittelbarer Nachbarschaft zum Messbereich des Fallbeispiels) hält mit durchschnittlich fünf Tropennächten pro Jahr den Spitzenplatz (DWD, 2008). Nur während einer kühlen Nacht wird das vegetative Nervensystem beruhigt und lediglich dann ist ein erholsamer Schlaf gewährleistet.

In den letzten Jahren ist als zusätzliche Belastung der Klimawandel hinzugekommen. Der Klimawandel wurde vom Intergovernmental Panel on Climate Change (IPCC 2001) als eine Klimaänderung mit der Zeit, als natürliche Änderung oder als Ergebnis von menschlicher Aktivität definiert.

Besonders deutlich werden die durch den Menschen verursachten Umweltveränderungen in Städten im Bereich des Stadtklimas, da alle entscheidenden klimatologischen Parameter in städtischen Siedlungen einer Abwandlung unterliegen. DOKKEN ET AL. (1998) stellten fest, dass Klimawandel-Modelle eine generelle Zunahme der Temperaturen in der nördlichen Hemisphäre suggerieren. Auch wenn es in Europa weniger Hitzetote als in anderen Teilen der Erde gibt, werden die hitzeabhängigen Toten mit der sommerlichen Erwärmung zunehmen. Das Risiko für Kältetote hingegen wird mit dem Anstieg der Wintertemperaturen voraussichtlich zurückgehen. Allein im Jahr 2003 fielen über 50.000 Menschen der Hitzewelle in Europa zum Opfer (SCHÄR, 2004).

Thermalbildserien helfen bei der Analyse des Zusammenhangs zwischen der Urbanisierung und dem Klimawandel (OWEN ET AL. 1998, CARLSON & ARTHUR, 2000, WENG, 2001). Bisher beschäftigen sich aber nur wenige Artikel oder Bücher direkt mit der Beziehung zwischen globaler Klimaerwärmung und der UHI sowie der SUHI. Verantwortlich dafür sind vor allem die verschiedenen Maßstäbe und damit verbundenen unterschiedlichen Untersuchungsmethoden in ihren zeitlichen und räumlichen Unterschieden. Die wichtigsten Werkzeuge zur Untersuchung von Klimaänderungen sind gekoppelte Atmosphäre-Ozean-Zirkulationsmodelle (GCM).

Dabei handelt es sich um mathematische Darstellungen der heute bereits verstandenen Prozesse im hochkomplexen Klimasystem. Die Modelle sind durch Vergleiche mit Beobachtungsdaten (RAVAL & RAMANATHAN, 1989, ROSSOW & SCHIFFER, 1999) intensiv getestet worden. Obwohl sie das globale Klima auf kontinentaler Ebene sowie für Zeiträume zwischen Jahrzehnten und Jahrhunderten zufriedenstellend simulieren, sind erhebliche Defizite insbesondere für kleinräumige Abschätzungen bekannt. Landnutzungsänderungen, Beschreibungen des Wasserkreislaufs, die Wirkung von Wolken und zahlreiche andere Faktoren gehen kaum in die Modellierungen ein (WIELICKI ET AL., 1995).

Der Klimawandel kann die menschliche Gesundheit in verschiedenen Maßen stark beeinflussen. Faktoren, die vor allem auch mit dem Wärmeinseleffekt in Verbindung gebracht werden, sind:

- zunehmende Frequenz oder Härte der Hitzewellen, die zu einem Anstieg der Hitze-Toten oder Kranken führt
- Änderungen im saisonalen und täglichen Temperaturgang und der Feuchtigkeit sowie ein damit verbundener Einfluss auf die Konzentration der Luftpartikel
- ein Anstieg von Extrem-Wetterereignissen
- ein durch den Klimawandel bedingter Zuwachs an Ansteckungskrankheiten
- eine geografische Ausbreitung von Übertragungsorganismen verschiedener Infektionskrankheiten, wie der Mosquitos und Sandfliegen etc. (BENISTON ET AL., 2008).

Was bedeutet das als Konsequenz für die städtische Wärmeinsel?
In vielen Fällen ist der städtische Klimaeffekt gleich oder sogar größer als die Veränderungen, die durch globale Klimamodelle zu erwarten sind. Das Problem ist allerdings noch nicht hinreichend geklärt (GRIMMOND, 2006).
Der London Climate Change Partnership Report (LCCP, 2002) erwartet für London nicht nur einen Anstieg der Intensität der UHI, sondern auch einen Anstieg der Anzahl der Tage, an denen die Intensität in den Sommermonaten größer als 4 Kelvin ist. Ungeachtet dessen gibt es Limitierungen in Anbetracht der regionalen und globalen Klimamodellierungen.
Es ist also sinnvoll, den Stadteffekt vom globalen Trend zu isolieren. Modellierungen werden meist nicht explizit für Städte kalkuliert, die Auswirkungen sind aber dort am

intensivsten zu spüren. Es gibt ganz unterschiedliche Betrachtungsweisen: PARKER (2004) vertritt die Meinung, dass die globale Erwärmung keinen expliziten Einfluss auf die Städte haben wird. Andere Studien heben ausdrücklich den Einfluss des urbanen Effekts auf den Temperaturanstieg hervor.
Das Bewusstsein über die Bedeutung dieser Veränderungen hat dazu geführt, dass sich die Klimaforschung als eigenständige Wissenschaft etablieren konnte. Das Interesse der Öffentlichkeit, Politik und Wirtschaft an fundierten Erkenntnissen zu gegenwärtigen und zukünftigen Klimageschehnissen ist sehr hoch. Dabei ist die Abschätzung der menschlichen Aktivität von den natürlichen Klima- und Umweltschwankungen von entschiedener Bedeutung.
Unerlässlich sind konkrete Kenntnisse des Stadteffektes und seiner Auswirkungen, um diese in Planungen und Modellrechnungen einfließen lassen zu können.

I.2.3 Einfluss der Stadtstruktur auf die Oberflächentemperaturen

Die Fernerkundungswissenschaft beschreibt die Stadt als einen Raum, der gekennzeichnet ist durch eine hohe Materialvielfalt, bedingt durch den anthropogenen Einfluss, einen kleinräumigen Wechsel von vegetationsbestandenen und bebauten Flächen sowie eine hohe vertikale Differenzierung mit daraus resultierenden großen Anteilen an Verdeckungen und Verschattungen. Einige dieser Merkmale werden auch als charakteristische Eigenschaften der Stadt und als Gegenstand der stadtökologischen Forschung angeführt (SUKOPP & WITTIG, 1998).
Die thermalen Konditionen in Ballungsgebieten sind abhängig von der Landnutzung, der Gebäudestruktur und der Größe der Stadt. In über 80 % der Stunden innerhalb eines Jahres unterscheiden sich zentraleuropäische Städte von ihrer Umgebung um $\Delta t_{u\text{-}r} \geq 1$ K (KUTTLER, 2008).

Generell sind die Bildpunkte bei Satellitenmessungen über Städten nicht mit einem homogenen Boden abgedeckt. LST-Messungen reflektieren eine Mischung aus Boden- und Vegetationstemperaturen als Ergebnis der Mischsignaturen (CASELLES, 1991).
Für homogene Oberflächen ist die Definition der Oberflächentemperatur sehr eindeutig und durch elementare Messungen bestimmbar. Für heterogene Flächen ist keine klare Definition möglich, eine sorgfältige Analyse der Messbedingungen und Messabläufe ist erforderlich. Die Heterogenität erschwert Aussagen über das ganze

Stadtgebiet, ohne hochauflösende Datengrundlagen fernerkundungsgestützer Untersuchungsverfahren sind exakte Aussagen nicht möglich. Durch das Zusammenwirken natürlich und anthropogen geprägter Flächen kommt es zur Ausprägung des jeweiligen Stadtklimas, die diversesten Kombinationsmöglichkeiten verhindern das Entstehen eines einheitlichen Klimas. Das Verständnis der regional mesoskaligen Dynamik und ihre Vorhersage erfordert die Kenntnis der räumlichen und zeitlichen Variationen der Oberflächenenergiebalance und ihrer physikalischen Eigenschaften. Das wiederum erfordert synoptische Beobachtungen der Oberflächenbedingungen und die Berechnung der Energieflüsse durch Fernerkundungsmessungen (SMALL, 2005). Diese Analyseidee hat sich erst innerhalb der letzten Jahrzehnte entwickelt. Zu Zeiten gering auflösender Techniken war eine Lösung zur fernerkundlichen Analyse der inneren Stadtstruktur nicht absehbar.

Neben der Heteorogenität besteht eine weitere entscheidende Schwierigkeit der Temperaturmessungen innerhalb einer Stadt in der drei-dimensionalen Stadtstruktur. Es treten kleinräumig sehr große Variationen der Oberflächentemperaturen, bedingt durch zumeist sehr große Ungleichheiten bezüglich der Nutzungsintensität, der Schattenwirkung (KLEINSCHMIT & KIM, 2005) durch Materialunterschiede sowie Variationen der Sonnenstände und Neigungen auf (VOOGT & OKE, 1997, CASSELS ET AL., 1992 a, b, KIMES, 1983). Es ist von signifikanter Bedeutung, die Temperaturen von jedem Bereich des Vegetation-Boden-Systems zu kennen (schattiger Boden, sonniger Boden, schattige Vegetation und sonnenbeschienene Vegetation), den Bodenwasserhaushalt und die Effekte der verschiedenen Bodenstrukturen zu beachten. Informationen über die Wesensmerkmale der Flächen innerhalb der vertikalen Gliederung sind unverzichtbar.

Hochauflösende thermale Aufnahmen, besonders von Flugzeugen, dienen dem Studium der Beziehungen zwischen den Oberflächencharakteristiken und ihrem thermalen Verhalten (HOYANO, 1984, QUATTROCHI & RIDD, 1994, LAGOUARDE ET AL., 2003). Um das thermale Verhalten von urbanen Oberflächen in Beziehung zu ihren Oberflächencharakteristiken, z.B. dem Sky View (ELIASSON, 1992), den Oberflächenmaterialien (QUATTROCHI & RIDD, 1994) oder dem NDVI (LO, QUATTROCHI & LUVALL, 1997) setzen zu können, sind Analysen solcher Bilddaten sinnvoll. Durch die Kombination von Bodenmessungen und Fernerkundungsthermaldaten (VOOGT & OKE, 1997, NICHOL, 1998, VOOGT, 2000) wurde begonnen, Beziehungen zur Drei-Dimensionalität der Stadt herzustellen.

Fernerkundliche Messungen städtischer Oberflächen erfordern eine sorgsame Betrachtung des komplexen Stadtgefüges, hervorgerufen durch die horizontale und vertikale Stadtstruktur. Kleinskalige Strukturelemente, wie Gebäudehöhen, Vegetationshöhen und Dachgeometrien, müssen in die Auswertung mit einbezogen werden. ROTH ET AL. (1989) geben eine konzeptionelle Beschreibung der Problematik. Ein einzelnes Gebäude besteht zum Beispiel aus Wänden und einem Dach mit zeitlich stark variierenden Strahlungseinflüssen. Der Boden vor dem Gebäude wiederum ist geprägt durch den Wechsel von Asphalt, Vegetation und Straßenbelag. Diese Elemente besitzen unterschiedlichste Strahlungseigenschaften, die eine wechselseitige Beeinflussung und damit eine Modifizierung des kleinräumigen Maßstabs zur Folge haben (ARNFIELD, 2003, CHUDNOVSKAY, 2004). Es ist unbedingt notwendig, das thermale Verhalten einzelner Oberflächen zu verstehen, da diese unmittelbar in das Phänomen der Wärmeinseln eingebunden sind. Im mikroskaligen Bereich können die Temperaturen auf einer Straße bis zu etlichen Grad variieren (eigene Messungen, vgl. Kapitel IV.4).

Die Kombination von thermalen Daten und einem ausführlichen Wissen über die Stadtstruktur ist notwendig, um komplette urbane Oberflächentemperaturen zu erhalten, die alle drei-dimensionale Besonderheiten beinhalten. Aus dieser Problematik ergibt sich die Notwendigkeit des zusätzlichen Einsatzes von kleinräumigen Messungen innerhalb des Untersuchungsraumes. NICHOL (1996), OKE (1997) und HARTZ (2006) haben in ihren Studien Infrarotkameramessungen im kleinräumigen Maßstab eingesetzt. Mit Hilfe dieser Methoden ist es möglich, Temperaturen spezifischer städtischer Oberflächen zu analysieren (GOLDREICH, 1994, VOOGT & GRIMMOND, 2000, KOTTMEIER ET AL., 2007).

NICHOL brachte 1994 eine detaillierte Studie unter Verwendung von thermalen Daten über die Beobachtung der Mikroklimate von Häuserblocks in Singapur heraus. Durch Verknüpfung von kontinuierlichen meteorologischen Messungen mit flächendeckenden hochauflösenden Thermalscanneraufnahmen und Daten zur Oberflächenstruktur kamen STEINICKE & STREIFENEDER (1992) zu einer relativ detaillierten Differenzierung des städtischen Mikroklimas der Stadt Freiburg.

Fernerkundungsdaten setzen in großem Maße eine Validierung mit In-situ-Messungen voraus. Dies kann in Ermangelung solcher Messungen häufig nicht geschehen.

Vertikale Gebäudewände ebenso wie Böden unterhalb von Bäumen sind bei Satellitenszenen nahezu unsichtbar. Innerhalb einer Stadt werden aus dieser Perspektive nur die Dächer, Straßen, Baumkronen und große Freiflächen sichtbar. Tabelle 2 gibt für Satellitenmessungen einen Überblick über die Verhältnisse der sichtbaren und unsichtbaren Bereiche. Das bedeutet, dass nur 67 % der Erdoberfläche durch Satelliten sichtbar gemacht werden können (NICHOL, 1996, OKE, 1997).

Der Effekt der sichtbaren Geometrie beinhaltet, dass die thermale Charakteristik von Gebäuden hauptsächlich durch Dächer repräsentiert wird (ARNFIELD, 1982). Die in dieser Arbeit durchgeführten Messungen mit einer Thermalbildkamera liefern somit einen Informationsbeitrag zur fernerkundlichen Betrachtung „unsichtbarer Stadtstrukturen".

Tabelle 2: Verhältnis von sichtbaren und unsichtbaren Bereichen in typischen Hochhausgebieten, nach NICHOL, (1996) und OKE, (1997)

Sichtbar (2D)	
Erdboden	**0,77**
Dächer	**0,17**
Baumkronen	**0,16**
Unsichtbar	
Wände	**0,54**
Böden *unter* Bäumen	**0,16**
Gesamte aktive Oberfläche	**1,7**

Untersuchungen der Stadtstruktur in Verbindung mit Oberflächentemperaturen wurden bereits in einigen Städten durchgeführt. Dabei sind Studien in verschiedenen Klimazonen ebenso wie in unterschiedlich hoch entwickelten Städten zu unterscheiden (RIGO, 2006 a, b, NICHOL, 1994, HARTZ, 2006). Direkte und indirekte Beobachtungen der thermalen Gegebenheiten wurden angewandt, um Methoden zur Abschätzung der repräsentativen Temperatur der städtischen Oberflächen zu entwickeln. Diese Arbeitsweisen sollen versuchen, die Temperaturen verschiedener

Oberflächentypen (z.B. vertikale Wände) mit räumlich gewichteten Temperaturen zu verknüpfen (OKE, 2003).
Obwohl sie relativ große Flächen bedecken und einen messbaren Einfluss auf die lokale Atmosphäre haben, sind städtische Landbedeckungen und ihre Eigenschaften sehr selten in Klimamodelle eingeschlossen (KUEPPERS, 2008). Eine realistische Repräsentation von Vegetation und Gebäudegeometrie in Modellen wird verlangt, allerdings sind detaillierte Erkenntnisse zur Implementierung in die Modelle noch immer lückenhaft.

Eine Zusammenarbeit von Fernerkundung, digitaler Thermal-Fotografie und GIS-gesteuerten Programmen ist für ein besseres Verständnis zwischen der Stadtstruktur und abgeleiteten Oberflächentemperaturen unentbehrlich.

I.2.4 Einfluss der LST in der Stadtplanung

Bereits 1832 entwarf der Arzt Bernhard Christoph Faust erstmals eine Stadt nach einem klimatischen Ideal: Alle Häuser sollten so viel Sonnenlicht wie möglich erhalten, daher sollten die Straßen westöstlich verlaufen. Die von Norden kommenden Straßen sind kurz und kreuzen die anderen nicht, sondern setzen sich seitlich fort.
Der Gedanke der Stadtplanung ist also nicht neu. Aber erst in den 80er- und 90er-Jahren wurden sehr vereinzelt auch Klimatologen als Berater zur Städteplanung hinzugezogen (FEZER, 1995).

In Siedlungen ist das Alter der unbebauten Gebiete oder der verfügbare Zeitraum für quasi ungestörte Entwicklung wichtig, das zeigt die Inventur der kleinräumigen Strukturen, die relevant für die Bewahrung der Natur sind. So sind zum Beispiel „alte", wenig veränderte „ländlichere Gebiete" prädestiniert dafür, attraktive Wohnstandorte zu sein. Wohingegen Gebiete, die einen schnellen Veränderungsprozess durchlaufen haben und damit vielfach höhere Versiegelungsgrade aufzeigen (dazu gehören auch Siedlungen oder Entwicklungsgebiete), weniger beliebt bei der Wahl des Wohnsitzes sind. Häufig existieren in solchen Gebieten Probleme mit der Verdichtung der verbleibenden kleinen Grünflächen. Selbst in gegenwärtig unversiegelten Bereichen findet man häufig Splitt oder Sandgranulate auf Fußwegen, an Straßenrändern und auf

Parkplätzen. Sport und Freizeitflächen begründen häufig eine hohe Versiegelungsdichte durch ihre Fugen (BfLr, 1988). Stadtentwicklung hat also messbare, teilweise sehr drastische Konsequenzen. Dabei ist bedeutsam, dass diese Änderungen bis hin zu sehr großräumigen Maßstäben Auswirkungen zeigen. Klimaverhältnisse solcher Ballungsräume müssen analysiert und klimagerechte Nutzungen aufgezeigt werden. Andererseits müssen die Veränderungen des Klimas, die dort durch Bebauung zu erwarten sind, weitestgehend vorhergesagt werden. Sinnvoll ist es, auch ohne konkreten Planungsgrund für potentielle Baugebiete, wie sie Städte ja im Allgemeinen darstellen, Klimadatenbücher anzulegen (SCHMALZ, 1987).

Damit ist das Hauptproblem bereits angesprochen: die Zusammenarbeit von Stadtplanern mit der Wirtschaft und Politik im Hintergrund, sowie den Wissenschaftlern auf der anderen Seite. Wissenschaftler sollten sich so früh wie möglich in den Planungsprozess einbringen. Oft wird ihnen für die Untersuchung und die Bewertung nur eine Frist von Monaten eingeräumt, dann kommen nur sehr kurzfristig angelegte Messfahrten und -flüge sowie Modellrechnungen in Frage. Besser ist es, schon bevor ein Planungsfall eintritt, die Daten zu erheben und beispielsweise in Karten umzusetzen, wie es HORBERT, KIRCHGEORG & V. STÜLPNAGEL (1984) für Berlin getan haben.
ELIASSON (2000) ermittelte in einer seiner Studien, dass klimatologische Effekte einen geringen Einfluss auf die Stadtplanung besitzen, klimatologisches Wissen wird häufig sehr unsystematisch genutzt. Als Hauptgrund für die Anwendung von klimatologischem Wissen in der Stadtplanung wird der personelle Komfort angegeben: es sollte nicht zu schattig, nicht so sonnig und möglichst frei von Luftverschmutzungen u.a. sein.
Eine Schwierigkeit bei der planerischen Umsetzung wissenschaftlicher Inhalte ist die mangelnde Kommunikation zwischen Planern, Investoren und Politikern. Weitere Probleme in alphabetischer Reihenfolge sind: Interessenkonflikte, niedrige Dringlichkeitsstufe – Priorität, Unkenntnis, Wirtschaftlichkeit – Sparsamkeit, politische Wechsel oder Schwierigkeiten und letztendlich die Zeit.

Die Nutzung von Klimainformationen/-daten (z.B. Klimakarten, Statistiken, Modellen und Literatur) ist sehr unterschiedlich innerhalb und zwischen einzelnen Projekten.

Planer wünschen sich Diskussionen anhand realer Beispiele und nicht endlos lange theoretische Diskussionen oder Lektürevorschläge – einfache Methoden sind erwünscht, einfache Techniken für den sofortigen Einsatz. Sinnvoll wäre die Erstellung von anwenderfreundlichen Tools, die durch Kommunikation und Zusammenarbeit von und mit Planern und Klimatologen entstehen (ELIASSON, 2000).

Der Wandel vom traditionellen Bauen hin zum industriellen Bau hat eine Vielzahl an Publikationen zum Thema „climate design" hervorgebracht. Die Energiekrise in den 70er-Jahren war wichtig für die Eingliederung des klimatischen Aspektes (EVANS, 1980) und des wichtigen Gesichtspunktes des menschlichen Komforts (SCHERER ET AL., 1999, GOMEZ ET AL., 2001) in die Stadtplanung. Während der letzten zwei Jahrhunderte haben Klimaforscher einen großen Beitrag geleistet und große Datenmengen gesammelt. Daher sind zum heutigen Zeitpunkt die Kenntnisse über Stadtklimaaspekte relativ gut. Richtlinien und Tools für Stadtplaner wurden entwickelt (OKE, 1984, LINDQVIST & MATTSSON, 1989, ELIASSON, 2000). Die Literatur zeigt einige Projekte, in denen erfolgreich klimatische Aspekte integriert wurden (BALÁZS, 1989). Die „städtebauliche Klimafibel", die vom baden-württembergischen Innenministerium 1978 und 1993 herausgegeben worden ist, ist ein Beispiel, wie wichtige Ratschläge in leicht verständlicher Form verbreitet werden können (www.staedtebauliche-klimafibel.de, 2008).

Eine Schlüsselaufgabe von Messprogrammen ist es, Ergebnisse zu finden, die für Entscheidungsträger sinnvoll sind (KURTZ ET AL., 2001).

Die meisten Forscher sind sich aber einig, dass, trotz der guten Kenntnisgrundlage und einigen guten Beispielen zum Klimadesign, der Einfluss des Klimas in der Stadtplanung für die Praxis nach wie vor sehr gering ist (OKE 1984 und LINDQVIST & MATTSSON, 1989, PIELKE & ULIASZ, 1998, ELIASSON, 2000).

Für Berlin existiert das *Landesenergieprogramm Berlin 2006 - 2010*, das unter anderem engagierte private und öffentliche Gebäudebesitzer und Betreiber energieeffizienter bzw. regenerativer Energieanlagen künftig mit einer Energiesparplakette und einer Urkunde auszeichnet und diese damit als Klimaschutzpartner des Landes Berlin ausweist. Erste Erfolge zeigen sich bei sanierten Plattenbauten – der Heizwärmeverbrauch konnte bereits von 150 kWh/m²a (vor Sanierung) auf unter 80 kWh/m²a (nach Sanierung) gesenkt werden. Auch bei Mauerwerk-Geschosswohnbauten der Baujahre nach 1950 konnten mit

Wärmedämmung ähnliche Werte erreicht werden (Senatsverwaltung für Gesundheit, Umwelt und Verbraucherschutz, 2006).
Modellierungen der klimatologischen Ereignis-Tage für Berlin und das nähere Umland haben für das Ende des 21. Jahrhundert ergeben, dass es zukünftig 18 Frosttage (T_{min} < 0 °C) und 13 Eistage (T_{max} < 0 °C) weniger geben wird. Im Sommer werden zusätzliche 14 Sommertage (T_{max} > 25 °C) und 6 zusätzliche heiße Tage (T_{max} > 30 °C) erwartet (WAGNER, 1994).
Planer sollten sich frühzeitig darauf einstellen, sich mit diesen steigenden thermischen Bedingungen vertraut zu machen und darauf entsprechend zu reagieren (HUPFER ET AL., 1998).

Die neue Stadtutopia ist eine zukunftsfähige Stadt, deren Einflüsse auf die Umwelt minimiert werden, ohne einen Verlust von Lebensqualität der Einwohner zu erzeugen (KAMP ET AL., 2003, MILLS, 2006). Eine nachhaltige Stadtplanung ist daher das wichtigste Ziel im urbanen Stadtplanungsprozess (BARTON, 1996), da die meisten Umweltprobleme – schlechte Wasserqualität, Luftqualität und Wärmestress – speziell in Städten angesiedelt sind. Das Wachstum der Städte hat häufig zu einer Verschlechterung der Bedingungen geführt. Immer mehr Gebiete werden versiegelt, es verbleiben immer weniger Grünflächen, der Wasser- und Energiekonsum steigt (KAHN, 2006).
Kommunikation ist bei der Zusammenführung von Stadtplanern und Klimatologen der vielleicht entscheidendste Schlüssel für den Erfolg. Wissen Forscher wirklich, was Planer benötigen?

I.3 Zielstellung und Forschungsansatz

Im dargestellten Kontext der Stadtklimaforschung stellt die Betrachtung der Oberflächentemperaturen und ihrer horizontalen und auch vertikalen Verteilung, bezogen auf die Stadtstruktur, eine wichtige Komponente dar.
Grundlage dieser Untersuchung bildet dabei die Analyse der zeitlichen und räumlichen Verteilung der Landoberflächentemperaturen und ihrer Beziehung zur Landoberflächenbedeckung sowie der damit verbundenen Versiegelung. Durch die Kombination verschiedenskaliger Beobachtungsmethoden, Satellitenmessungen im Mesomaßstab und Messungen mit einer Infrarotkamera im Mikromaßstab sind Aussagen bis hin zum unteren Maßstab möglich. Die in dieser Arbeit durchgeführten

Messungen mit einer Thermalbildkamera liefern somit einen Informationsbeitrag zur fernerkundlichen Betrachtung „unsichtbarer Stadtstrukturen“. Mit Hilfe GIS-gestützter Software wird die Analyse vertieft.
Der Zielgedanke dieser Arbeit ist es, einen Überblick zu geben über die Oberflächentemperaturen der gesamten Stadt durch Auswertung von Satellitenaufnahmen mit anschließender Darstellung des Temperaturverhaltens einzelner Oberflächen und Materialien durch Infrarotkameraaufnahmen. Die Darstellung des Temperaturverhaltens einzelner Gebäude, Bäume und Straßen ebenso wie die Illustration der Auswirkungen, die alleine durch den Schattenwurf eines Baumes erreicht werden können, führt zur Benennung stadtklimatologischer Problemfelder, Bauweisen oder Materialien, die die Entstehung oder Beeinflussung günstiger mikroklimatischer Verhältnisse verhindern oder zulassen können.
Die Zusammenführung der unterschiedlichen Messmaßstäbe verdeutlicht die Problematik der fehlenden Drei-Dimensionalität bei der Auswertung von Satellitendaten und das damit verbundene fehlende Verständnis der „unseen“ Bereiche für satellitenbasierte Untersuchungen. Für Entscheider ist es wichtig zu sehen, inwieweit man sich bei kleinräumigen Entscheidungen auf Satellitenbilder verlassen kann.
Anschließende kleinräumige Modellierungen führen nicht nur zur Verifizierung der Messungen, sondern zeigen auch die Wirkung mikroskaliger Klimamanipulationen im urbanen Raum (Anpflanzung von breitkronigen Laubbäumen, geringfügige Änderung einer Nutzungsart etc.) und führen so zur Quantifizierung der zu erwartenden Einflüsse. Folgende Problemstellungen, die im Rahmen dieser Arbeit beantwortet werden sollen, können zusammengefasst werden:

- Zuordnung thermischer Verhaltensweisen in räumlicher und zeitlicher Verteilung in Bezug auf differenzierte Nutzungsklassen, bis hin zu kleinräumigen Aussagen zum thermischen Verhalten einzelner Oberflächen.
- Wie hoch ist die Genauigkeit beider angewandter Messverfahren für thermische Analysen und Aussagen innerhalb einer Stadt?
- Welche Temperaturbeeinflussungen durch Schattenbildung sind möglich?
- Können die Messungen der Thermalbildkamera durch Modellierungen des Programmes ENVImet verifiziert werden?

- Modellierungen kleinräumiger Veränderungen gegebener klimatischer Situationen und ihrer Auswirkungen.

Ziel der Bezugnahme auf die thermische Komponente bei Stadtplanungs- und Sanierungsmaßnahmen ist es, ein ideales Stadtklima[2] zu erreichen. Das Erreichen desgleichen ist wenig realistisch, allerdings sollte eine Minimierung der thermischen Belastungen angestrebt werden. Sinnvoll sind dabei vor allem schnelle Lösungsansätze (KOTTMEIER ET AL., 2007).

I.4 Vorgehensweise

Zu Beginn der Arbeit stand die Eruierung und Gewinnung der Daten. Die beiden verwendeten Arten der fernerkundlichen Betrachtung, die Datenaufnahmen mit der Infrarotbildkamera (AGEMA 570) und anschließende Bearbeitung der Bilddaten sowie die Auswertung der Satellitenszenen unterscheiden sich erheblich, vor allem in ihrer Datenbeschaffung.

Zum einen wurden Infrarotbilder durch eigene Messungen mit einer Wärmebildkamera über einen Zeitraum von 17 Monaten erstellt und zum anderen erfolgte eine Eruierung des Datenmaterials am Geographischen Institut der Humboldt-Universität zu Berlin. Das Geographische Institut ermöglichte die Bereitstellung von drei ASTER-Thermal-Satellitenaufnahmen. Auf Grund einer Kooperation der Senatsverwaltung für Stadtentwicklung und der Humboldt-Universität zu Berlin war es auf diesem Wege möglich, sechs Landsat-Thermal-Satellitenszenen zu erhalten. Diese Szenen wurden zur besseren Vergleichbarkeit einer weiteren Bearbeitung unterzogen.

Die Vorgehensweise im Rahmen dieser Arbeit lässt sich in einzelnen Teilschritten beschreiben, die die Arbeit gliedern (Abb. 1).

[2] Definition eines idealen Stadtklimas, aus: Workshop „Ideales Stadtklima" am 26. Oktober 1988 in München (Mayer, 1989):
- ist ein räumlich und zeitlich variabler Zustand der Atmosphäre in urbanen Bereichen
- möglichst keine anthropogen erzeugten Schadstoffe in der Luft
- die Stadtbewohnern in Gehnähe (charakteristische Länge: ca. 150 m, charakteristische Zeit: ca. 5 Minuten) eine möglichst große Vielfalt an Atmosphärenzuständen (Vielfalt der urbanen Mikroklimate) ermöglicht
- unter Vermeidung von Extremen (z.B. extreme Wärmebelastung)

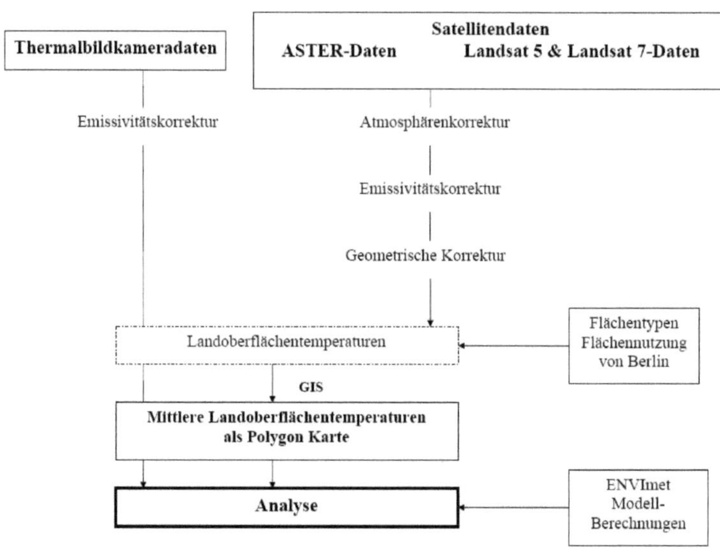

Abbildung 1: Flowchart des Arbeitsablaufes

In Kapitel I und II wird eine kurze Einführung gegeben und es erfolgt die Erarbeitung der Fragestellungen. Die physikalischen Gesetze, die der Arbeit zugrunde liegen, werden kurz beschrieben und das Untersuchungsgebiet charakterisiert. Kapitel III stellt die verwendeten Daten vor und beschreibt die angewandten Methoden.

Bei der anschließenden Datenaufbereitung (Kapitel IV) ist zu beachten, dass es sich bei der Auswertung der Thermalbilder und Satellitendaten vor allem um eine Diagnose, also die Erfassung des IST-Zustandes, handelt. Zu Beginn stehen die Vorverarbeitung (Preprocessing) der Satellitendaten und die anschließende Ableitung der Oberflächentemperaturen. Parallel dazu erfolgt die Bearbeitung der thermalen Kamerabilddaten, um eine gemeinsame Analyse durchführen zu können. Nach der Verschneidung von Flächennutzungsdaten der Stadt Berlin mit den bearbeiteten Satellitendaten in einem Geographischen Informationssystem (GIS) stehen letztendlich die Oberflächentemperaturen gemittelt über die einzelnen Teilflächen (Polygone) zur Verfügung. Auf Basis der ermittelten Temperaturen kann die Untersuchung der Zusammenhänge von Temperatur und Stadtstruktur innerhalb Berlins belegt werden.

Der Ergebnisteil gliedert sich in die anfängliche Darstellung der einzelnen Analyseergebnisse und ihrer anschließenden Zusammenführung. Daran schließt sich die mit Hilfe des drei-dimensionalen Computermodells ENVImet erstellte

Modellierung beispielhafter Konstellationen an. Thermalbildkameramessungen können dabei validiert und mit Modellierungen kleinräumiger Änderungen verglichen werden. Unter Zuhilfenahme von ArcGIS und LEONARDO wurden zur Visualisierung Karten und Abbildungen des untersuchten Gebietes erstellt. Die zur Anfertigung der vorliegenden Arbeit verwendete Software ist im Anhang VIII aufgelistet.

Den Abschluss bildet Kapitel V mit der Diskussion und Zusammenfassung der Ergebnisse und einem Ausblick auf weitere mögliche Forschungsarbeiten, mit besonderem Schwerpunkt auf Berlin.

II. Kapitel

Grundlagen

II.1 Charakterisierung des Untersuchungsgebietes

Die Metropole Berlin liegt im Norddeutschen Tiefland im Osten Deutschlands. Das Stadtzentrum liegt bei 52°31'12" nördlicher Breite und 13°24'36" östlicher Länge. Das Arbeitsgebiet der vorliegenden Studie umfasst damit eine Fläche von 892 km², mit einer maximalen West-Ost-Ausdehnung von 45 km und der größten Nord-Süd-Ausdehnung von 38 km bei einer Länge der administrativen Grenze von 234 km. Mit einem mittleren Durchmesser von 35 km weist die Stadt in ihren administrativen Grenzen eine kompakte Grundrissform auf.

Am 31. Dezember 2000 waren nach Mitteilung des Statistischen Landesamtes Berlin im Melderegister 3 331 232 Einwohner mit Hauptwohnsitz in Berlin verzeichnet. Das ist bei einer Fläche von 892 km² eine durchschnittliche Einwohnerdichte von 3735 Ew./km². Seit 1990 hat sich der Bestand der im Melderegister gemeldeten Einwohner um rund 100 000 verringert.

Berlin liegt in der Westwindzone der gemäßigten Breiten im Übergangsraum vom maritim geprägten Klima im Westen und dem kontinental geprägten Klima im Osten, mit ausgeprägten täglichen und jahreszeitlichen Temperaturgegensätzen. Durch den häufigen Wechsel der Großwetterlagen ist dieser Raum durch große Unbeständigkeit der Witterungen gekennzeichnet. Die Hauptwindrichtung ist West.

Die durchschnittliche Jahrestemperatur an der Berliner Klimastation Dahlem beträgt 8,9 °C und der durchschnittliche Jahresniederschlag 581 mm, bei einem

Niederschlagsmaximum im Sommer. Die wärmsten Monate sind Juli und August mit Mittelwerten von 17,9 beziehungsweise 17,2 °C. Berlin erreicht im Mittel 33,1 Sommertage und 5,6 heiße Tage (HUPFER, 1990).

Erwartungsgemäß liegt das Maximum der Globalstrahlung, und damit auch das Optimum der Sonnenscheindauer pro Tag in den mittleren Breiten, in den Sommermonaten Mai bis August (vgl. Abb. 3). Durch Einschränkungen der Zeitpunkte der Messungen auf festgelegte Wetterzustände (vgl. III.1.2) ergibt sich die höchste Anzahl an Messungen für diese Monate.

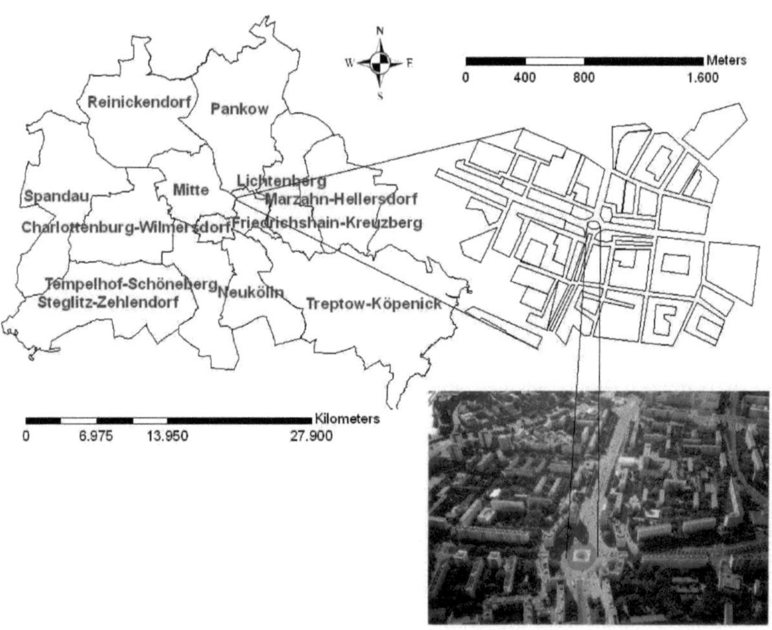

Abbildung 2: Übersichtskarte über das Arbeitsgebiet Berlin sowie des gewählten Fallbeispieles innerhalb der Berliner Innenstadt – Foto eigene Aufnahme am 22.03.2006

Berlin wird im Südosten und Westen von größeren zusammenhängenden Waldgebieten, im Norden, Nordosten, Osten und Süden dagegen von unbebauten Freiflächen wie Äckern, Wiesen und Weiden mit vereinzelten Waldflächen begrenzt. Von der Gesamtfläche Berlins werden 55 % als bebaute Flächen und 45 % als unbebaute Flächen genutzt (Statistisches Landesamt Berlin, 2002).

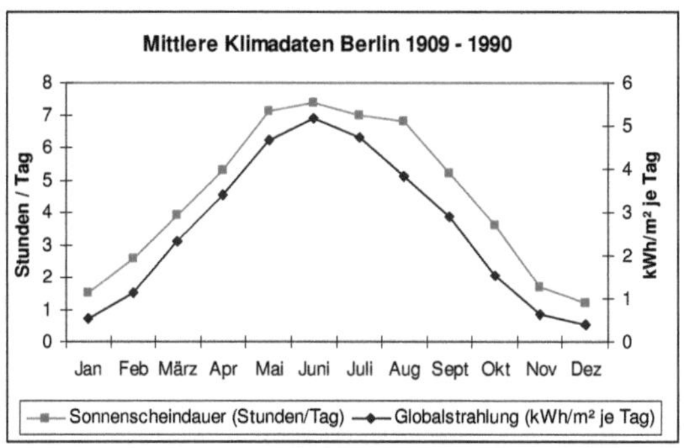

Abbildung 3: Mittlere Klimadaten der Sonnenscheindauer und der Globalstrahlung für Berlin, Zusammenstellung von HUPFER & CHMIELEWSKI, 1990, Datengrundlage sind Messungen der Berliner Klimastation Dahlem

Eine auffallend große Zahl an fließenden und stehenden Gewässern ist im Stadtgebiet zu finden, überdies ist der flächenmäßig hohe Anteil an Grünflächen (ca. 35 % von 892 km²) charakteristisch für Berlin.

Mit seinem nordöstlichen Teil liegt Berlin mit einer mittleren Höhe von 50 m über NN, auf der nach Südwesten abdachenden Barnimer Hochfläche. Nach Süden schließt eine von Südost nach Nordwest verlaufende, im Durchschnitt 6 km breite Talniederung mit einer mittleren Höhe von 35 m über NN an. Sie wird durch eine weitere Hochfläche im Süden, den Teltow mit einer mittleren Höhe von 45 m über NN begrenzt. Diese Hochfläche wird unter anderem von der Havel, den Grunewaldseen und dem Teltowkanal zerschnitten. Die Ausdehnung der Berliner Gewässer beträgt 6 % der gesamten Stadtfläche. Die höchsten natürlichen Geländeerhebungen in Berlin sind mit 115 m über NN die Müggelberge im südöstlichen Teil Berlins bzw. der Teufelsberg im Westen Berlins.

Berlin kann als typische Großstadt ohne ein ausgeprägtes Relief oder spezifische topografische Einflüsse bezeichnet werden. Dies ist ein wichtiges Kriterium für die Bearbeitung der Satellitendaten (vgl. Kapitel III).

II.1.1 Flächennutzung

Der Flächennutzung und Flächenbedeckung innerhalb der urbanen Gebiete kommt eine besondere Bedeutung hinsichtlich der Untersuchung der Oberflächen-Temperaturen zu. An dieser Stelle soll ein kurzer Überblick über die Flächennutzung Berlins gegeben werden, systematische Ausführungen dazu sind in Kapitel IV zu finden.

Die Oberflächenformen der Stadt Berlin werden typischerweise sehr stark vom bebauten Siedlungsraum überprägt. Abbildungen 4a und 4b stellen eine Übersicht über die Anteile der bebauten Flächen und der Grünflächenanteile dar. Auffallend sind die hohen Anteile von Wohnflächen (52,3 %) an der bebauten Fläche, ebenso wie der für eine Stadt ungewöhnlich hohe Waldanteil (44,1 %), bezogen auf Grün- und Freiflächen.

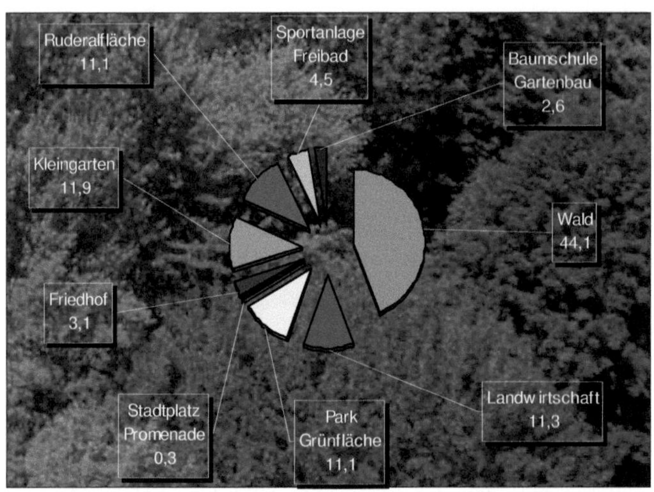

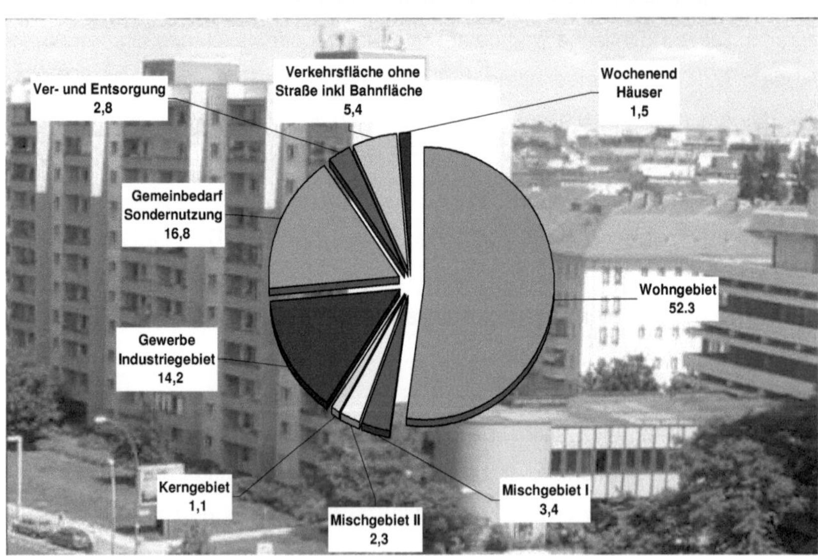

Abbildung 4a: Anteil an Grün- und Freifläche in % und 4b: Anteil der Nutzungsarten an bebauter Fläche in % (SenStadt, 2002, verändert)

Die Nutzungsklassen *Mischgebiet I* und *II* sowie die Klasse *Kerngebiet* unterscheiden sich insbesondere durch eine Zunahme des Anteils an Handels- und Dienstleistungsunternehmen sowie Büroflächen von *Mischgebieten* zu den *Kerngebieten*, mit gleichzeitiger Abnahme des Wohnanteils. Die räumliche Verteilung der Flächennutzung (vgl. Abbildung 5) zeigt, ausgehend von der Innenstadt, eine deutliche Abnahme der dichten Bebauung hin zu den Marginalbezirken. Die typische Verdrängung der natürlichen Vegetation in der City von Großstädten bis auf sehr kleinräumige Flächen wird nur durch den Tiergarten mit einer Größe von 210 ha unterbrochen.

Die Außenbezirke sind deutlich geprägt durch einen hohen Anteil an natürlicher Vegetation und locker bzw. gering bebauten Arealen. Industrie- und Gewerbegebiete beschränken sich außerhalb der unmittelbaren City auf nur wenige Randgebiete. Der Südwesten und Südosten Berlins, so wie weite Teile des Nordens, sind nahezu frei von solchen Nutzungsstrukturen. Die Mehrheit der Industrie- und Gewerbegebiete sind am östlichen und westlichen Rand der Citybezirke zu finden. Damit einher geht die Abnahme des Versiegelungsgrades von den dicht versiegelten Bezirken Mitte, Friedrichshain und Kreuzberg (über 60 %) zu den Außenbezirken Zehlendorf (< 20 %) und Steglitz im Südwesten, gefolgt von Köpenick (< 20 %) im Südosten der Stadt.

Abbildung 5: räumliche Verteilung der Flächennutzung innerhalb Berlins; das Untersuchungsareal des Fallbeispieles ist schwarz markiert

Im Vergleich dazu sind die südlich gelegenen Außenbezirke, ebenso wie die im Osten liegenden Bezirke, mit über 40 % vorrangig durch einen hohen Anteil an Wohnflächen versiegelt. Zusätzlich zu der meist lockeren Bebauung kommt ein relativ hoher Anteil an Gewerbe und Industrie in diesen Bereichen hinzu.

II.1.2 Abgrenzung des Fallbeispiels im Bezirk Berlin Mitte

Das für diese Arbeit gewählte Untersuchungsgebiet des Fallbeispieles liegt innerhalb der Berliner Innenstadt, im Bezirk Berlin Mitte. Es umfasst eine Fläche von 500 m² (vgl. Abbildung 2 und 5). Im Norden begrenzt von der Berolinastraße und im Osten durch einen Teil der Weydemeyerstraße. Die südliche Begrenzung bildet der Strausberger Platz, ein Kreisverkehr, mit einer kleinen Grünfläche und einem darauf befindlichen Springbrunnen; seine durchschnittliche Verkehrsstärke beläuft sich auf bis zu 50.000 Fahrzeuge je 24 Stunden (Digitaler Umweltatlas, 2001, Verkehrsmengen). Die 2-spurige Lichtenberger Straße mit einer Straßenbreite von

8 m bildet die östliche Abgrenzung des Arbeitsgebietes. Beide Straßenhälften werden durch einen 10 m breiten Grünstreifen mit ca. 10 m hohen Bäumen getrennt. Die Blockhöhe der Gebäude beträgt zwischen 20 und 30 m (das entspricht etwa 6-10 Stockwerken). Eine detaillierte Beschreibung der bei jeder Messung untersuchten Fläche ist im Anhang II zu finden.

Mitte umfasst das unmittelbare Kerngebiet der alten Stadt Berlin, die historischen Stadtteile. Nahezu jeder Berlin-Tourist besucht diesen Bezirk; bis spät in die Nacht sitzen im Sommer hier die Menschen draußen und profitieren von dem angenehmen Effekt der Wärmeinsel. Die hier lebenden Anwohner bewerten dieses Phänomen, wenn es zum Beispiel zu Einschlafstörungen durch Wärmebelastungen führt (vgl. Kapitel I.2.2), differenzierter.

Geprägt durch einen hohen Versiegelungsgrad von über 60 %, einer Einwohnerzahl von mehr als 10.000 Ew./km² und einer überwiegenden Flächennutzung durch Wohngebiete und Mischgebiete, die neben den Wohnbereichen zusätzliche Dienstleistungsunternehmen wie Kaufhäuser und Büros beinhalten, führen die in diesem Gebiet typischen Charakteristika einer Metropole zu einer anschaulichen Konstellation für die Analyse der Oberflächentemperaturen in einem besonders belasteten Gebiet.

Die Strukturtypen mit Wohnnutzung, die dichteste Bebauung der Innenstadt, sind mit etwa 60 %, gemessen an ihrer Gesamtfläche, durch die Blockbebauung der Gründerzeit charakterisiert. Typen niedriger Bebauung mit Gartenstruktur sind in diesem Untersuchungsbereich nicht zu finden.

II.2 Grundlagen der Fernerkundung und Thermographie

II.2.1 Einführung in die Fernerkundung

Ein Ziel der Fernerkundung (*remote sensing*) ist es, die Natur und die Eigenschaften der Erdoberfläche aus der spektralen Verteilung der elektromagnetischen Strahlung, die vom betrachteten Objekt reflektiert oder emittiert und vom Sensor aufgezeichnet wird, zu identifizieren (MATHER, 2004). Die dafür eingesetzten Messplattformen befinden sich an der Erdoberfläche (z.B. Sodar und Lidar), in Flugzeugen oder Satelliten (MAYER, 1989). Die Erdoberfläche reflektiert und emittiert kurz- und langwellige Strahlung in die Atmosphäre. Diese Strahlung lässt sich wiederum mit geeigneten Sensoren erfassen und mit Aufnahmesystemen registrieren.

Es lassen sich grundsätzlich zwei Sensorensysteme unterscheiden, wobei die aktiven Sensoren selbst Signale aussenden und die reflektierte Strahlung messen. Passive Sensoren, zu denen die Landsat- und ASTER-Plattformen zählen, messen die eintreffende Strahlung im ultravioletten, im sichtbaren und infraroten Spektralbereich (RICHARDS & JIA, 1999). Weng ET AL., (2004) legen einen operativen Maßstab von mindestens 120 m für die Untersuchung des Oberflächen-Temperaturfeldes nahe. Im Rahmen dieser Studie beliefen sich die Auflösungen auf 90 m (ASTER) und 60 m (Landsat).

Die Fernerkundungs-Informationen entstehen durch Wechselwirkungen elektromagnetischer Strahlung mit der Geländeoberfläche. Sonnenstrahlung wird, je nach Beschaffenheit der Geländeoberfläche, absorbiert und reflektiert. Die Größe der Anteile von Reflexion, Absorption und Transmission der auf der Erdoberfläche einfallenden Strahlung hängt von den stofflichen, strukturellen und texturellen Eigenschaften der untersuchten Oberflächen ab.

Fernerkundungssensoren erfassen die nach Wechselwirkungen mit der Materie an der Erdoberfläche veränderte oder erst entstandene Strahlung. Eigenschaften der Materie an der Erdoberfläche sind automatisch in den erfassten Daten enthalten und können zur Beurteilung des Geländes herangezogen werden.

Bei der Nutzung temporärer Bodenmessnetze ergibt sich das Problem, dass ohne die Anwendung statistischer Verfahren nur schwer Aussagen über größere Flächen möglich sind. Sinnvoll ist dann der Einsatz von Fernerkundungsverfahren aus größeren Höhen.

Die Interaktion der am Sensor ankommenden Strahlung mit der Erdatmosphäre ist geprägt durch den Weg, den die Strahlung durch diese zurücklegt. Sie durchläuft die Atmosphäre zweimal, einmal von der Sonne zur Erde und nach der Reflexion von der Erdoberfläche zurück zum Sensor, bevor sie letztendlich aufgezeichnet wird. Während dieses Weges interagiert die Strahlung mit den einzelnen Molekülen (CO_2, H_2O, O_3 u.a.), die in der Atmosphäre zu finden sind. Daraus resultiert, besonders im thermalen Bereich, die Notwendigkeit der Atmosphärenkorrektur der Datensätze (vgl. III.2.2).

Aufgrund der genutzten hochfrequenten elektromagnetischen Strahlung (µm-, nm-Bereich) besteht so gut wie keine Eindringtiefe unter die Oberfläche der zu untersuchenden Objekte. Fernerkundungssensoren liefern ausschließlich Bilder von der Geländeoberfläche. Infrarotstrahlung wird definiert als elektromagnetische

Strahlung, deren Wellenlängenbereich zwischen 0,78 µm und 100 µm liegt. Die Einteilung des infraroten Lichtes unterliegt einer gewissen Willkür, da es keine einheitliche Nomenklatur gibt. Unterteilt wird die Infrarotstrahlung in nahes (bis 3 µm), mittleres (3-7 µm), langwelliges (7-14 µm) und in fernes (ab 14 µm) Infrarot. Für die Wärmebildtechnik ist das langwellige Infrarot relevant, das auch als thermisches Infrarot bezeichnet wird.

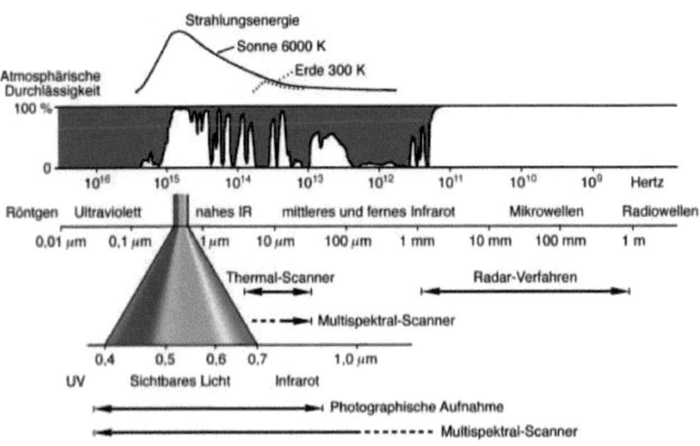

Abbildung 6: Elektromagnetisches Spektrum (Albertz, 2001)

Jeder Körper, dessen Temperatur über dem absoluten Nullpunkt (-273,15 °C oder 0 K) liegt, strahlt elektromagnetische Strahlung aus. Werden Daten der langwelligen Ausstrahlung gemessen, ergeben sich dabei Informationen über die flächendeckende Verteilung der Oberflächentemperatur.

Die gesetzmäßige Beziehung zwischen absoluter Temperatur (T) eines Körpers und der gesamten Ausstrahlung (S_A) über 1 cm² seiner Oberfläche pro Minute und der Wellenlänge maximaler Strahlung (λ_{max}) formuliert das *Stefan-Boltzmann-Gesetz*:

$$S = \sigma \cdot T^4$$

$$\text{mit } \sigma = 8{,}26 \cdot 10^{-11} \frac{\text{cal}}{cm^2 \min {}^\circ K^3} = 5{,}6698 \cdot 10^{-8} \frac{\text{W}}{\text{m}^2\text{K}^4}$$ Gleichung 1

und das *Wiensche Verschiebungsgesetz:*

$$\lambda_{max} \cdot T = const.$$ Gleichung 2

Dieses Gesetz beschreibt den Sachverhalt, dass die Energie mit der 4. Potenz der absoluten Temperatur des Körpers wächst, so dass die Wellenlänge maximaler Energie umso kleiner wird, je höher die Temperatur des Körpers ist. Diese Gesetzmäßigkeit gilt nur bei einem *Schwarzen Körper*.

Die temperaturbedingte Lage der Strahlungsmaxima eines *Schwarzen Körpers* erklärt die Möglichkeit zur differenzierten Nutzung von elektromagnetischer Strahlung in der Geofernerkundung (KÜHN & HÖRIG, 1995). Die Erdoberfläche hat eine mittlere Temperatur von 300 K und damit liegt ihr Strahlungsmaximum bei etwa 9,7 µm. Der Spektralbereich für die Erfassung der von der Erdoberfläche ausgehenden natürlichen Thermal- oder Wärmestrahlung liegt bei ca. 8–12 µm. Die meist schwachen Temperaturanomalien lassen sich in diesem Spektrum am deutlichsten darstellen.

Nach dem *Kirchhoffschen Gesetz* reduziert sich die Ausstrahlung bei allen *Nicht-Schwarzen Körpern* in dem Umfang, wie auch die Absorption in der gleichen Wellenlänge reduziert wird. Der Zusammenhang zwischen Absorption und Emission eines realen Körpers im thermischen Gleichgewicht wird beschrieben. Es besagt, dass Strahlungsabsorption und -emission einander entsprechen: Eine schwarze Fläche heizt sich im Sonnenlicht leichter auf als eine weiße (weiß getünchte Häuser in warmen Ländern), dafür gibt sie die Wärmestrahlung leichter wieder ab.
Für den Strahlungsaustausch im langwelligen Bereich (insbesondere Wärmestrahlung bei nicht zu hohen Temperaturen) können Nichtmetalle oft näherungsweise als diffuse *Graue Strahler* behandelt werden und es gilt:

$$\alpha(T) \approx \varepsilon(T) \quad \text{(gilt nur für Nichtmetalle)} \qquad \text{Gleichung 3}$$

(Gute Absorber sind gute Emitter)

Die gesamte emittierte Strahlungsenergie eines *Grauen Strahlers* ist proportional der eines *Schwarzen Strahlers*, lediglich um den Faktor ε geschwächt. Damit verändert sich das *Stefan-Boltzmann-Gesetz* durch den ergänzenden Emissionskoeffizient ε, der dem Absorptionskoeffizienten α entspricht und lautet:[3]

---

[3] Für fast alle natürlichen Materialien liegen die Emissionswerte über 0,955, in sehr wenigen Fällen unter 0,90. Weitere Ausführungen dazu sind in Kapitel II 2.1.2 zu finden.

$$S = \varepsilon \cdot \sigma \cdot T^4$$ Gleichung 4

Die empfangene Strahlung ist stark abhängig von der Sonnenhöhe, diese wiederum von der geographischen Breite und der Jahres- und Tageszeit. Wenn die Sonnenstrahlung auf eine Oberfläche trifft, hängt es von vielen Umständen ab, wie viel davon sogleich reflektiert oder absorbiert und gespeichert wird. Im Wesentlichen beeinflussen das die in Tabelle 3 aufgelisteten Material- und Umwelteigenschaften der Oberflächentypen. Entsprechend seiner Temperatur und den dazugehörigen Parametern strahlt jeder Körper Energie in Form langwelliger Strahlung ab. Die am Sensor eintreffende Strahlungstemperatur muss nachbearbeitet werden, um die Einflüsse der vorherrschenden Atmosphäre zu eliminieren. Die dazu benutzten Methoden sind in Kapitel III beschrieben.

Tabelle 3: Material- und Umweltparameter, die das Thermalverhalten eines Objektes an der Erdoberfläche beeinflussen (verändert nach KRONBERG, 1985)

Materialparameter	**Umweltparameter**
Farbe	topografische Position im Gelände
Mineralbestand	Orientierung der Materialoberfläche zur Sonne
Oberflächenbeschaffenheit	meteorologische Bedingungen
Dichte	Mikroklima
Porosität bzw. Porenvolumen	Feuchtigkeit
Permeabilität	Tages- und Jahreszeit
Feuchtigkeitsgehalt	Bewuchs

Daraus ergibt sich ein ganz wesentlicher Faktor bei der Betrachtung thermaler Bilder. Die detaillierte Einordnung bestimmter Objekte im Thermalbild bezüglich der Temperatur gegenüber ihrer Umwelt ist nur in Verbindung mit den Material- und Umweltparametern möglich. Dabei ist davon auszugehen, dass die abgesandte Thermalstrahlung von Umwelteinflüssen in verschiedenster Weise beeinflusst, überlagert oder auch nivelliert werden kann. Die Möglichkeit der Entstehung von Temperaturanomalien muss beachtet werden.

II.2.1.1 Strahlungsbilanzgleichung einer Oberfläche

Bei der Thermal-Fernerkundung der städtischen Landoberflächentemperatur handelt es sich um einen speziellen Fall der Oberflächentemperaturuntersuchung in

Abhängigkeit zur Oberflächenenergiebilanz (OKE, 2003). Durch die Betrachtung der Energiebilanzgleichung an Oberflächen ist eine Beschreibung der Prozesse an eben diesen möglich. Die Landoberflächentemperatur, beeinflusst von der Oberflächenenergiebilanz, der vorherrschenden Atmosphärensituation, den thermischen Eigenschaften und der Beschaffenheit der Oberflächen, ist ein wichtiger Faktor, der die meisten physikalischen, chemischen und biologischen Prozesse des Meso- und Mikroklimas beeinflusst. Eine Variation der Oberflächentemperatur ist ein zu beobachtender Effekt dieser Veränderungen (BECKER & LI, 1990; VOOGT & OKE, 2003). Die rapiden Änderungen der Temperaturen, des Windes und der Feuchtigkeit, generiert durch die städtische Landschaft, beeinflussen den Komfort und auch die Gesundheit der dort lebenden Menschen ebenso wie die Energieaufnahme und die Luftreinheit.

Die allgemeine Form der Strahlungsbilanzgleichung einer Oberfläche lautet:

$$Q^* = (S + D)(1 - \rho_s) + A(1 - \rho_l) + E \left[\frac{W}{m^2}\right] \qquad \text{Gleichung 5}$$

Q^* – Strahlungsbilanz der Erde
(S+D) – direkte und diffuse Einstrahlung der Sonne in W/m^2
ρ_s – kurzwelliger Reflexionsgrad der Oberfläche
ρ_l – langwelliger Reflexionsgrad der Oberfläche
A – langwellige Gegenstrahlung in W/m^2
E – langwellige Ausstrahlung mit $E = \sigma\, \varepsilon\, T_O$
ε – Emissionsgrad
σ – Boltzmann-Konstante, mit $\sigma = 5{,}67\ 10^{-8}\ Wm^{-2}K^{-4}$
To – Oberflächentemperatur in K

Die Strahlungsbilanz gilt für jeden Einheitsausschnitt aus der Atmosphäre oder der Erdoberfläche. Die städtische Energiebilanz unterschiedet sich von der ländlichen teilweise erheblich, weil geschlossene Siedlungen viel weniger Grünfläche umfassen, die damit fehlende Wasserverdunstung und Transpiration verbraucht weniger Energie (höchsten 2/3). Sowohl Leitfähigkeit als auch Wärmekapazität sind bei urbanen und damit anthropogen geprägten Materialien erhöht. Die direkte und reflektierte Strahlung ist am Tag positiv und erreicht ihren Höhepunkt zur Mittagszeit. Nachts liegen beide Werte bei null. Langwellige Strahlung, reflektierte und ausgestrahlte Energiewerte sind während des gesamten Tages beständig.

Eine weitere Möglichkeit der Darstellung besteht in Einzelgliedern der Strahlungsbilanz, die überdies messtechnisch separat erfassbar sind. Die kurz- (K) und langwellige (L) Strahlungsbilanz lässt sich zusammenfassen in:

$$Q^* = K\downarrow + K\uparrow + L\uparrow + L\downarrow$$ Gleichung 6

Die Pfeile beschreiben die Strahlungsflussrichtung, alle Einheiten in W/m^{-2}
$K\downarrow$ - Globalstrahlung (direkte und diffuse solare Strahlung)
$K\uparrow$ - kurzwellige reflektierte Strahlung
$L\uparrow$ - langwellige Ausstrahlung
$L\downarrow$ - atmosphärische Gegenstrahlung

Generell wird die Strahlung, die zur Erdoberfläche hingerichtet ist, als positiv bezeichnet, während ausgehende Strahlung als negativ bezeichnet werden kann. Global betrachtet, ist die Strahlungsbilanz der Erde null, es herrscht thermales Gleichgewicht. Wird nur ein einzelnes Gebiet betrachtet, ändert sich die Strahlung täglich und jährlich beständig, abhängig vom Sonnenstand. Die kurzwellige Strahlungsbilanz, bestimmt durch die Differenz zwischen Globalstrahlung und Reflexionsstrahlung, ist positiv. Dieser Energieüberschuss an der Erdoberfläche führt zur Erwärmung des Erdbodens und der tieferen Schichten (bis 2 m) über den Bodenwärmestrom Q_G (Gl. 7). Die langwellige terrestrische Temperaturstrahlung ist allgemein in der Stadt, durch Gebäude und Straßen etc., nachts größer als im Umland, während des Tages hingegen gleich oder kleiner als in der Umgebung (FUGGLE & OKE, 1972). Innerhalb der Stadt andererseits sind die Unterschiede durch die Art der Bebauung, den Bebauungsgrad, die anthropogene Energiefreisetzung und den Grünflächenanteil stark differenziert. Im Jahresmittel macht die Differenz der langwelligen Strahlungsbilanz zwischen Stadt und Umland nur einen geringen Betrag aus.

Bilanzgleichung 7 beschreibt die Umsetzung der einfallenden Strahlungsenergie an der Erdoberfläche auf drei Komponenten der Energiebilanz: den fühlbaren und latenten Wärmestrom sowie den Bodenwärmestrom (Speicherterm). Schätzungen von sensiblen Wärmeflüssen über städtischen Bereichen können aus Oberflächentemperaturen abgeleitet werden (VOOGT & GRIMMOND, 2000).

$$Q^* + Q_A = Q_S + Q_L + Q_G \quad \left[\frac{W}{m^2}\right]$$ Gleichung 7

Q^* – Strahlungsbilanz der Erde
Q_A – anthropogene Wärmeproduktion
Q_S – turbulenter Fluss sensibler Wärmestrom
Q_L – turbulenter Fluss latenter Wärmestrom
Q_G – Bodenwärmestrom

Die Wärmeproduktion Q_A wird durch den Menschen verursacht, durch anthropogene Produktionen beispielsweise von Autos, Kühlanlagen, Kraftwerken etc.. Da der Wert vergleichsweise gering ist, wird er meist nicht betrachtet; abhängig von der geographischen Lage und der topografischen Lage der Stadt erreicht er selten signifikante Werte.
Darauf basierend werden negative Flüsse über Grünflächen am frühen Morgen und Abend und besonders in der Nacht gefunden. Während des Tages sind beide, sensible und latente Flüsse, hauptsächlich direkt von der Oberfläche weg gerichtet, wobei die latente Wärme am Tag fast doppelt so groß sein kann wie die fühlbare Wärme. Der fühlbare Wärmestrom innerhalb eines Stadtgebiets ist, auf Grund der höheren Oberflächentemperaturen, stets größer als im Umland. Die Tagesgänge der Temperatur und der Wärmeflüsse unterschieden sich in Tag und Nacht.

Ein Hauptfaktor der städtischen Wärmebilanz ist die durch den Bodenwärmestrom Q_G tagsüber in den Boden geleitete Energie. In Anbetracht der hohen thermalen Leit- und Speicherfähigkeit der verwendeten Materialien, der Böden und Gebäude, speichern diese signifikant Wärme. Massives Mauerwerk (Ziegelsteine oder Natursteine), Straßenpflaster und andere Beläge, genau wie verdichteter Untergrund, können 2- bis 4-mal so viel Energie aufnehmen wie Wiesen und Ackererde. Unter trockenen Bedingungen ist Q_G verantwortlich für mehr als 50 % der städtischen Wärmeinsel, insbesondere während der Nacht. Die Energiereserven gestalten diesen Weg und erfüllen den Wärmeinseleffekt (PARLOW, 2003). OKE & CLEUGH (1987) konnten durch Messungen zeigen, dass in der Nacht bei Windstille das Freisetzen der im Material akkumulierten Energie den effektiven Strahlungsverlust fast vollständig kompensiert.

Die Energiebilanzgleichung erfährt ihre hauptsächliche Modifikation innerhalb der Stadt durch die künstlichen Oberflächen, aber auch durch den kleinräumigen Wechsel zwischen künstlichen und natürlichen Oberflächen. Sie modifizieren, im

Gegensatz zur natürlichen Landschaft, sowohl die Strahlungsbilanz als auch die turbulenten Energieflüsse. So treten bei unterschiedlicher Landnutzung Ungleichheiten in den Oberflächeneigenschaften (zum Beispiel: Albedo, Emissionsvermögen, Bodenbewuchs, Rauigkeit) auf, die entsprechende Modifikationen bei der Energieumsetzung zur Folge haben. Die erhöhte Energieaufnahme dieser Materialien hat eine positive Strahlungsbilanz zur Folge. Als Konsequenz bedeutet dies für die Nachtstunden anthropogen geprägter Umgebungen, bei entsprechender vorangegangener Einstrahlung, höhere Energieflussdichten. Wenn man davon ausgeht, dass fast alle Formen der Nutzungsenergie schließlich in Form von Wärme an die Atmosphäre abgegeben werden, lässt sich abschätzen, dass in Deutschland die anthropogene Energiefreisetzung mit 1,5 Wm^{-2} bereits mehr als 3 % der mittleren jährlichen Strahlungsbilanz ausmachen (HELBIG, 1999). Bei von der Erdoberfläche weg gerichteten Energieflüssen findet eine intensivere, länger andauernde Energieabgabe an die Umgebung statt - im untersuchten Fall an die Stadthindernisschicht. Tabelle 4 listet exemplarisch einige thermische Materialeigenschaften auf.

Ferner beeinflussen zeitlich invariante Klimafaktoren, wie Bodenart, Hangneigung und Höhenlage, die Energieumsetzung und somit das lokale und regionale Klima. W-O orientierte Straßen unterliegen in den mittleren Breiten einem größeren Strahlungsgenuss als eine N-S orientierte Straße. Bei sehr engen Straßenschluchten oder dichten Baumkronen bewirkt die Reduktion der Globalstrahlung am Tag eine Verringerung von Q_S – dem turbulenten sensiblen Wärmefluss (PEARLMUTTER, 1998). Zusammenfassend kann man sagen, dass folgende Parameter für die Veränderung der Energiebilanzgleichung entscheidend sind: Strahlungseigenschaften sowie dynamische, hygrische und chemische Eigenschaften, die Freisetzung von Energie und die thermischen Eigenschaften. Je kleiner die Albedo, also das Rückstrahlvermögen eines Körpers und je größer die Leitfähigkeit, umso intensiver ist die Ausprägung der Wärmeinsel. Mittelwerte für Albedo schwanken mit Faktoren, wie der Sonnenhöhe und dem Wetter (vgl. Tabelle 4). Die am häufigsten verwendeten Asphaltsorten reflektieren nur 10 % der Globalstrahlung, wandeln den größten Teil davon in langwellige Strahlung um, erwärmen die Luft oder nehmen die Energie auf, leiten und speichern sie. Reflexstrahlung und langwellige Emissionen von Hauswänden stellen wichtige Flüsse bei der humanbioklimatologischen

Betrachtung und Bewertung von Städten dar. Dies gilt insbesondere bei sommerlichen Hitzewellen. In stadtökologisch relevanten Studien zur Wandbegrünung, der Mikrofauna etc. spielen ebendiese Flüsse eine entscheidende Rolle.

Unter den verschiedenen Dachbedeckungen ragt Schiefer durch geringe Reflexion, sehr effektive Wärmeleitung und Wärmespeicherung heraus. Faserbeton und Ziegel hingegen reflektieren ein Viertel der Sonnenstrahlung in kurzwelliger Form, leiten die Wärme bestenfalls halb so gut und speichern weniger. Wenn Flachdächer mit Kies bedeckt sind, reflektieren sie am Anfang stark, später, durch Staubbedeckung und Ansiedlung von Flechten, sinkt ihre Albedo auf 13 %. Albedowerte europäischer und nordamerikanischer Städte werden mit Werten zwischen 10 % und 30 % angegeben, der Mittelwert liegt bei 15 % (OKE, 1974).

Tabelle 4: Thermische Eigenschaften künstlicher und natürlicher Materialien und Böden (verändert nach: ZMARSLY ET AL., 2002, HUPFER & KUTTLER, 2005 und HÄCKEL, 2005)

Material	Wärmeleitfähigkeitskoeffizient $Wm^{-1}K^{-1}$	Wärmeeindringkoeffizient $Jm^{-2}s^{-1/2}K^{-1}$	Albedo %
Luft (unbewegt)	0,025	5,5	
Luft (turbulent)	125	387,3	
Wasser (unbewegt)	0,57	1534,6	10-80
Asphalt	0,75	1206,2	10
Schwerbeton	1,69	1870,4	14-22
Putz	0,46	802,5	
Holz (weich)	0,09	201,2	
Sand	0,07	206,6	20-40
Stadtboden (Oberboden) leicht verdichtet, trocken	1	1330,4	20-30
Stadtboden (Oberboden) verdichtet, trocken	1,13	1529,4	
Stadtboden (Oberboden) leicht verdichtet, feucht	1,2	1697,1	5-10
Stadtboden (Oberboden) verdichtet, feucht	1,28	1824,3	

In der vorliegenden Arbeit werden die auf Modifikationen der Energiebilanzgleichungen begründeten Änderungen thermischer Verhältnisse untersucht.

II.2.1.2 Emissionskoeffizient

Um eine Beziehung zwischen dem Modell des *Schwarzen Körpers* und dem realen Objekt herstellen zu können, wurde die Stoffkennzahl Emissionskoeffizient ε

eingeführt (vgl. Gleichung 4). Mit ihr wird die spezifische Ausstrahlung des realen Gegenstandes im Verhältnis zum *Schwarzen Körper* gekennzeichnet. Dem Emissionsgrad kommt eine entscheidende Bedeutung bei der messtechnischen Bewertung einer Oberfläche durch Thermographiesysteme zu.

Die Einbeziehung des Emissivitätseffektes unterscheidet sich bei der Auswertung von Satellitendaten und Thermalkameradaten. Für Satellitenmessungen kann er in drei verallgemeinerte Kategorien zusammengefasst werden: er reduziert die ausgesandte Strahlung, nicht schwarze Strahler reflektieren Strahlung, die Anisotropie der Reflexion und Emissiviät kann die totale Oberflächenstrahlung beeinflussen (PRATA, 1993).

Der Emissionskoeffizient ist material- und temperaturabhängig und nimmt für verschiedene Spektralbereiche unterschiedliche Werte an. Grundsätzlich gilt, dass er für reale Oberflächen kleiner als 1 ist. Große Unterschiede ergeben sich bei der Betrachtung von Metallen und Nichtmetallen. Metalle verlangen extrem kleine Albedowerte, womit ein erheblicher Anteil an Störstrahlung bei der Messung zu begründen ist. In der Literatur ist eine Vielzahl von Angaben zu den einzelnen Emissionskoeffizienten für unterschiedliche Materialien zu finden. Häufig greift man bei Messungen auf Tabellenwerte zurück (SCHUSTER & KOLOBRODOV, 2004, HILDEBRANDT, 1996 und HELBIG, 1999).

ROTH ET AL. halten einen räumlichen Temperaturfehler von bis zu 1,5 K als möglich, bei Variationen von urbaner und ruraler Oberflächenemissivität für satellitenbasierte Studien. Temperaturmodifikationen, bedingt durch Emissivitätsunterschiede, sind erwartungsgemäß maximiert bei Maßstäben von Metern.

Im *Atcor* Modul, ein in Kapitel III.2.2. beschriebenes Modul zur Berechnung der Oberflächentemperatur, abgeleitet aus Satellitendaten, ist als konstanter Emissionswert 0,98 festgelegt worden. Bei Sensoren mit nur einem Thermalband, wie Landsat TM, lässt das Modul die Annahme einer konstanten Emissivität zu. Beim ASTER Sensor wird von den fünf Thermalbändern nur das Band dreizehn eingebunden, auch hier gilt die konstante Annahme der Emissivität von 0,98. Die 3-Klassen Emissivität ist nur wählbar, wenn alle 14 Bänder in die Auswertung mit einbezogen werden können. Im Spektralbereich von 10 – 12 µm bewegen sich die typischen Emissionswerte für anthropogene Oberflächen wie Beton und Asphalt zwischen $\varepsilon = 0{,}95 - 0{,}97$. Der Emissionskoeffizient für Sandoberflächen liegt im

Bereich von ε = 0,90 – 0,98 und die Emissionswerte für Vegetation im Bereich von ε = 0,96 – 0.99. Die kleine Spannbreite entsteht durch Veränderungen im Feuchtegehalt der Materialien. In urbanen Bereichen bestehen die Oberflächen allerdings hauptsächlich aus Asphalt, Vegetation, Beton und Dächern. Innerhalb einer Stadt ergibt sich unter Berücksichtigung dieses Aspektes ein typischer Durchschnittswert des Emissionskoeffizienten von ε = 0,95 – 0,99 (RICHTER, 2008). Bei der Verwendung von nur einem Thermalband besteht lediglich die Möglichkeit, mit einem konstanten Emissionskoeffizienten zu arbeiten. Der entwickelte Emissivitätsalgorithmus für den neuen ASTER Sensor ist gut auf Mischpixel abgestimmt (GILLESPIE ET AL., 1998). Das Problem des Emissionsgrades ist besonders in städtischen Gebieten zu beachten.
Verschiedene Autoren (CARLSON, 1986, ROTH ET AL., 1989) haben festgestellt, dass bei nicht integrierten Emissionswerten der Differenzbereich bei 1 bis 1,5 K liegt. RICHTER (2008) gibt in seinem aktuellen Manual einen Temperaturfehler von 1 bis 2 °C für Oberflächen im Emissivitätsbereich von 0,95 – 1 an. Das Interesse in der vorgelegten Studie liegt vor allem in der Vergleichbarkeit von relativen Werten und weniger bei absoluten Werten. Für die unternommenen Messungen mit der Infrarotbildkamera ist es notwendig, für jede analysierte Oberfläche in den Thermalbildern separat den entsprechenden Emissionswert einzugeben. Die verwendeten Koeffizienten für die Bearbeitung der Thermalbildkameradaten sind im Anhang III zusammengefasst; dabei handelt es sich um Durchschnittswerte aus der Literatur. Deutliche Unterschiede zwischen den einzelnen Werten sind nicht immer zu erkennen, meist handelt es sich um Abweichungen im Bereich von 0,01 bis 0,05.

II.2.1.3 Funktionsweise der Thermalbildkamera

Zur Veranschaulichung der Funktionsweise einer Thermalbildkamera ist in der folgenden Abbildung eine radiometrische Kette dargestellt. Die Kette beginnt mit dem zu untersuchenden Objekt und dem dazugehörigen Hintergrund. Die Strahlung, die sowohl Objektiv als auch Hintergrund ausstrahlen, durchdringt die Atmosphäre und wird daraufhin von dem IR-Objekt fokussiert. Die Objektszene wird in einzelne Pixel zerlegt, die zeitlich nacheinander abgetastet und in einer Signalfolge verschlüsselt werden. Mit Infrarot-Thermographie wird ein zweidimensionales Temperaturfeld bewertet, sogar wenn die untersuchten Ziele eine komplizierte Gestalt besitzen.

Die Signalverarbeitung soll gewährleisten, dass die Objektszene im Nachhinein wieder rekonstruiert werden kann. Dies geschieht entweder sofort an einem Bildschirm oder im Nachhinein am Computer. Dort können die Daten und Ergebnisse sofort vom Beobachter, dem letzten Glied in der Kette, gedeutet und ausgewertet werden. Funktionsauslöser werden nur beim Einsatz von Überwachungsgeräten benötigt. Die *AGEMA 570,* der Firma Flirsystems, wurde vom Geographischen Institut der Humboldt-Universität zu Berlin zur Verfügung gestellt. Sie ist das erste ungekühlte FPA-System. Der wartungsfreie Betrieb ist einer der Hauptvorteile, die durch den Einbau eines 320 x 240 Pixel Mikrobolometer-Detektors erreicht wurde. Ohne eingebauten Kühler, der einem entsprechenden Verschleiß unterliegt, optimiert sie die Systemzuverlässigkeit und gewährleistet einen kontinuierlichen problemlosen Betrieb.

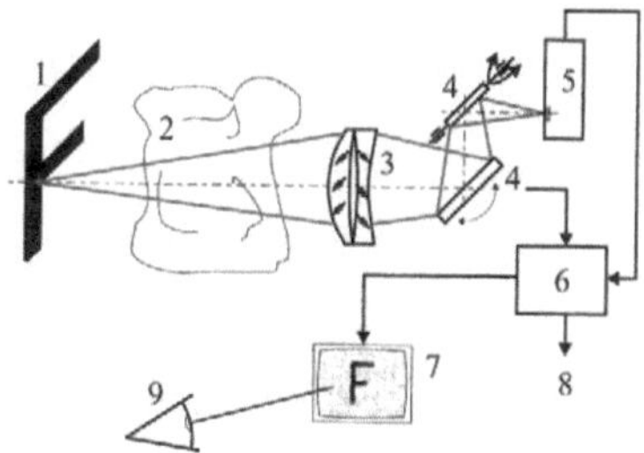

Abbildung 7: Radiometrische Kette 1- Objekt mit Hintergrund, 2- Atmosphäre, 3- sammelnde IR-Optik, 4- optomechanisches Abtastsystem, 5- IR-Empfänger, 6- Signalverarbeitung, 7- Anzeigeeinheit, 8- Funktionsauslösung, 9- Beobachter (aus Schuster und Kolobrodov 2004)

Unter Verwendung des zusätzlichen Raumes, den normalerweise ein Kühler belegt, wurde ein Batteriesystem eingebaut, durch das eine leichtere Handhabung ermöglicht wird.

Die digitale 14 bit Bildspeicherung gewährleistet eine sehr gute thermische Empfindlichkeit über sehr große Temperaturbereiche.

Bis zu 1.000 Thermobilder mit einer Pixelgröße von 320 x 240 können auf der steckbaren PCMCIA-Karte mit 170 Mbyte Speicherkapazität gesichert werden. Daraus ergibt sich die Schwierigkeit, dass diese Karte nur noch in ältere Laptop-Modelle passt und somit nicht ohne Probleme gelesen werden kann.

Der Vorteil der Infrarotkamerabilder besteht darin, flächenhaft die tages- und jahreszeitliche Dynamik der Oberflächentypen durch frei wählbare Aufnahmezeitpunke zu erfassen:

- morgens (niedrigste Strahlungstemperaturen)
- Mittagszeit (maximale Globalstrahlung)
- abends (größte effektive Ausstrahlung)

Jahreszeitlich können Winter- und Sommermonate als Extreme erfasst werden. Einzelnen Oberflächenelementen können allgemeine thermische Eigenschaften zugeordnet werden. Besonders die vertikalen Aufnahmen sind von entscheidender Bedeutung. Vorraussetzung für exakte Messungen ist die Kenntnis der meteorologischen Parameter zum Messzeitpunkt, die vor Messbeginn in die Kamera eingegeben werden müssen.

II.2.2 Grenzen der Fernerkundung im Rahmen dieser Arbeit

Thermalbilder stellen eine flächendeckende Momentaufnahme der Strahlungstemperatur dar und enthalten keine Klimainformationen. Sie geben in zwei-dimensionaler Form eine drei-dimensionale Realität wieder (MAYER, 1989).
Allein in dieser Tatsache sind bereits einige Probleme der Fernerkundung begründet.

II.2.2.1 Grenzen der Thermalbildkameramessungen

Die größtmögliche Fehlerquelle bei den Kameramessungen liegt in der Angabe eines falschen Emissionskoeffizienten. Aus diesem Grund wurden Metalle nicht in die Analyse integriert. Die Werte für Metalle sind so speziell, dass die Fehlerquote bei den Messungen relativ groß ist.
Bei Entfernungen von mehr als 40 m zwischen Objekt und Kamera sollte auch der Atmosphäreneinfluss nicht unterschätzt werden. Weiterhin verwischen bei diesen Entfernungen, selbst bei sehr geringen Windgeschwindigkeiten, die Temperaturkontraste in solchem Umfang, dass sie nicht mehr exakt feststellbar sind.
Grundsätzlich lassen sich Fehlerquellen durch genaue Kenntnisse des physikalischen Sachzusammenhanges und der Messproblematik sowie einer größtmöglichen verwendeten Sorgfalt minimieren. Vergleichsmessungen mit einem Infrarotpyrometer wurden durchgeführt, um die Kalibrierung der Kamera zu bestätigen.

II.2.2.2 Grenzen der Satellitenmessungen

Die beim Satelliten ankommende Signalgröße ist in unterschiedlichem Maße abhängig von verschiedenen Faktoren, wie dem Relief, der Oberfläche, dem Betrachtungswinkel, dem Sonnenstand zum Aufnahmezeitpunkt und der Interaktion der Strahlung mit der Atmosphäre.

Wesentliche Nachteile sind darin zu sehen, dass die Überfliegungszeitpunkte nicht frei wählbar sind. Die Aufnahmezeitpunkte am Vormittag und am Abend erfassen nicht die Zeit der größten Erwärmung bzw. stärksten Abkühlung. Die Messungen können auf Grund der langen Vorlaufzeiten nicht spontan durchgeführt werden. Häufig können Daten wegen unzureichender Wetterbedingungen oder dem Vorhandensein von Aufnahmefehlern nicht verwendet werden.

II.2.2.3 Pixelgröße

Die Daten der beiden verwendeten Satellitensensoren unterscheiden sich in ihrer Auflösung und damit in ihrer Pixelgröße. Es ist unterschiedlich, was die Sensoren jeweils tatsächlich „sehen". Landsat-5-Daten haben eine Auflösung von 120 m, die seines Nachfolgers Landsat-7-ETM+ von 60 m. Dazwischen liegt der Thermal-ASTER-Sensor mit einer Auflösung von 90 m. Es handelt sich bei diesen Größenordnungen, besonders in Städten, um gemischte Pixel, auch als Mischsignaturen bezeichnet. Es gibt keine „reinen" Pixel (MATHER, 2004). In den Messwerten eines Pixels sind Reflektionsanteile von verschiedenen Objektklassen enthalten. Dies wird stets für Bildelemente an der Grenze zwischen zwei Flächen so sein und damit zu einer sehr komplexen Struktur der Messdaten führen. Betrachtet man beispielsweise ein Siedlungsgebiet, so enthält ein Pixel Anteile aus Hausdächern, Parkplätzen, Baumkronen, Straßen, Vorgärten und Gehwegen. Das ist ein entscheidender Grund, warum bei dieser Arbeit zusätzliche hochauflösende Messungen mit einer Thermalbildkamera durchgeführt wurden.

II.2.2.4 Bewölkungs- und Atmosphäreneinfluss

Die Problematik des Atmosphäreneinflusses wurde bereits in Kapitel II.2 beschrieben. Durch die vorgegebenen Wetterbedingungen wird dieses Problem ebenso wie der Einfluss der Bewölkung zu einem Großteil umgangen. Eine dichte Wolkendecke macht Aussagen über die Oberflächen nahezu unmöglich. Der Einfluss geringer Bewölkung kann mit Hilfe der Atmosphärenkorrektur eliminiert werden. Viele Aufnahmen sind aufgrund starker Bewölkung nicht nutzbar.

II.2.2.5 Drei-Dimensionalität

Selbst hochauflösende Satellitendaten können das Problem der Drei-Dimensionalität nur schwer oder unzureichend lösen (SOUX ET AL. 2004, VOOGT & OKE, 1998). In Abschnitt I.2.3 wird der Einfluss der für die Sensoren *unsichtbaren* Strukturen beschrieben. Typischerweise werden von den Sensoren nur die horizontalen Flächen erfasst – Dächer, Baumkronen etc. Vertikale Flächen, wie Hauswände, können meist nicht oder nicht ausreichend dargestellt werden. Um diese wichtige Grenze der Fernerkundung zu umgehen, werden die Kameramessungen zur Analyse, insbesondere der vertikalen Strukturen, hinzugezogen.

III. Kapitel

Daten und Methoden

Im Folgenden werden die im Laufe der Arbeit verwendeten Daten und der Aufbau der Projektdatenbank beschrieben.

Alle Daten liegen als digitale Datensätze vor bzw. wurden bei Bedarf digitalisiert. Sie unterscheiden sich in ihren Verarbeitungsschritten, besonders in ihrem Verarbeitungsaufwand, erheblich voneinander. Satellitendaten durchlaufen eine Reihe von Verarbeitungsschritten, die in den Kapiteln III.1.2 und III.2.2 detailliert beschrieben werden. Die Datenerhebung und Bearbeitung der Wärmebildkameradaten erfolgt für jeden Datensatz individuell und wird in Kapitel III.1.1 und III.2.1 beschrieben.

III.1 Datenerhebung

III.1.1 Datenerhebung mit der Thermalbildkamera

Die Datenerhebung erfolgt durch Feldbegehungen im beschriebenen Arbeitsgebiet des Berliner Bezirkes Mitte (vgl. II.1). Über einen Zeitraum von 17 Monaten (Juni 2006 bis September 2007) wurden zu verschiedenen Tageszeiten Aufnahmen mit einer AGEMA 570, einer Thermalbildkamera, durchgeführt. Die Begehungen erfolgten spontan, wenn die geforderten Wetterbedingungen erfüllt waren. Anhang II beschreibt die Aufnahmebereiche der Thermalbildkamera näher. Die Aufnahmen erfolgten mit einer 24° Standardoptik nach jeweils längerem Stillstand der Kamera.

Bei der Differenzierung der zu untersuchenden Oberflächen hinsichtlich ihrer unterschiedlichen thermischen Trägheit hat sich gezeigt, dass in der Zeit nach

Sonnenaufgang die Kontraste der thermischen Abstrahlung am stärksten sind. In dieser Zeit sind die Temperaturverhältnisse jedoch so instabil, dass die Aufnahmen in sehr kurzer Abfolge entstehen müssten. Um dieses Problem zu umgehen, ist es sinnvoll, die Messungen kurz vor oder nach Sonnenaufgang durchzuführen. Damit ist eine ausreichende Temperaturkonstanz gewährleistet.

Während sommerlicher Hochdruckwetterlagen mit geringen Windgeschwindigkeiten können sich lokalklimatologische Besonderheiten einer Landschaft besonders gut ausprägen. Eine solche autochthone Wetterlage wird durch wolkenlosen Himmel und einen nur schwach überlagernden synoptischen Wind von nicht mehr als 8 m/s gekennzeichnet. Niederschläge nivellieren die Kontraste der Messungen und haben längere Nachwirkzeiten. Eine durchgehende Wolkendecke hat eine ähnliche Wirkung, es kommt zu einer nicht unerheblichen atmosphärischen Gegenstrahlung, die sich als Zusatzstrahlung bemerkbar macht. Wind behindert den normalen Wärmeaustausch durch Beeinflussung von Konvektion und Verdunstung, es kommt zu Verwischungen von Temperaturkontrasten. Scheinanomalien sind die Folge. Eine Beschränkung auf austauscharme Hochdruckwetterlagen dient vor allem der Konzentration auf Zeiten maximaler Energieumsetzung und minimalem Austausch und damit größtmöglichen Unterschieden zwischen den Standorten.

Bei den durchgeführten Messungen werden die großräumigen synoptischen Rahmenbedingungen entsprechend festgelegt:

- Bedeckungsgrad 0/8 – 2/8
- Geostrophischer Wind, bis 6 m/s
- Relative Luftfeuchtigkeit 50 – 70 %

Die Nachbearbeitung der Bilder beinhaltet die Extraktion der Oberflächentemperatur einzelner Flächenbereiche innerhalb der abgelichteten Szenen.

Einige wenige zusätzliche Messungen wurden während anderer Randbedingungen (kurz nach Regenschauern, bei starkem Wind oder bei vollständiger Bedeckung) durchgeführt, um Vergleiche anstellen zu können. Die meteorologischen Daten wurden vor jeder Messung den Internetseiten des Meteorologischen Institutes der Freien Universität Berlin (www.met.fu-berlin.de) sowie dem Internetportal WetterOnline (www.wetteronline.de) entnommen. Im Einzelnen wurden Informationen zu Windrichtung, Windgeschwindigkeit, Temperatur, Sonnenscheindauer und Feuchte zum jeweiligen Messzeitpunkt sowie die Sonnenauf- und

Sonnenuntergangszeiten des Tages in die Datenbank aufgenommen (Anhang IV). Zeitgleich fanden vor Ort Temperaturmessungen zur besseren Vergleichbarkeit statt. Die Satelliten- und Kameraaufnahmen fanden nicht zeitgleich statt, durch einheitliche Untersuchungsbedingungen können trotz allem vergleichende Aussagen, basierend auf relativen Werten, getroffen werden.

III.1.2 Satellitendaten

Der Vorteil der Satellitenmessungen liegt in der Tatsache begründet, dass innerhalb sehr kurzer Zeit, über die ganze Stadt, eine Aufnahme erstellt werden kann. Geometrische Verzerrungen bleiben gering und die Daten sind vergleichsweise kostengünstig zu erhalten. Das Optimum der Zweckmäßigkeit der Nutzung von Satellitendaten ist abhängig von der Wahl der darzustellenden Datenbeziehung. Beispielsweise als zusätzliche Datenebene zur Betrachtung der städtischen Wärmeinsel. Dass dies uneingeschränkt gilt, wird noch gezeigt werden.

Als Nachteil kostengünstiger Daten ist die meist geringe Auflösung zu sehen. Teurere Daten haben zumeist nicht nur eine verbesserte Auflösung, sondern werden in bereits bearbeiteten Leveln angeboten, sodass mit der Analyse ohne aufwendige Vorverarbeitungsschritte begonnen werden kann. Die Wahl der Aufnahmezeitpunkte ist nicht frei wählbar. Nachtaufnahmen sind Sondersituationen, die jeweils rechtzeitig bestellt werden müssen. Da diese Aufnahmezeiten sehr selten genutzt werden, bedarf es einer längeren Vorlaufzeit bis zur Ausführung der Aufnahmen. Häufig wird auch in neueren Studien auf bereits vorliegende ältere Satellitenbilder zurückgegriffen, wie zum Beispiel in der Studie aus dem Jahr 2007 von KOTTMEIER ET AL. für das Berliner Stadtgebiet.

Im Anhang VI sind die zu analysierenden Satellitenszenen im Einzelnen aufgelistet. Die Bearbeitung der Satellitendaten erfolgte mit den Systemen ERDAS/Imagine 9.0 und ENVI 4.2.

Die idealen Bedingungen für eine intensive Ausbildung einer SUHI sind ein klarer Himmel, schwacher Wind und geringe relative Feuchte. Als Wetterbedingungen wurden, wie auch bei Messungen mit der Kamera, ausstrahlungsintensive Wetterlagen gewählt. Das heißt: geringe Bewölkung, kein Niederschlag in den letzten zwölf Stunden, die zuvor benannten Bedingungen zur Ausbildung einer Wärmeinsel werden zur Analyse herangezogen.

Die verwendeten Sensoren haben für einen bestimmten Wellenlängenbereich eine Sensibilität; wenn sich diese über mehrere Wellenlängenbereiche erstreckt, werden sie auch als „Multispektralzeilenabtaster" bezeichnet (vgl. Abbildung 6). In der vorliegenden Arbeit werden aus Gründen der Verfügbarkeit nur die Thermalkanäle der ASTER- und Landsat-Daten zur Analyse herangezogen. Damit schließen sich einige Analysemöglichkeiten, wie z.B. die Berechnung des NDVI, von vornherein aus.

III.1.2.1 ASTER-Daten

Der ASTER Sensor (Advanced Spaceborne Thermal Emission and Reflection Radiometer) liefert hoch auflösende Bilder in 14 Kanälen mit einer Auflösung von 15 m pro Bildpunkt im sichtbaren und nahen Infrarotbereich und bis zu 90 m im thermalen Infrarotbereich. Er ist eines von fünf wissenschaftlichen Instrumenten an Bord des am 18. Dezember 1999 von der NASA gestarteten Erdbeobachtungssatelliten Terra. Das in Japan gebaute Instrument zeichnet seit dem Februar 2000 Daten auf. Es umrundet in einem nahpolaren Orbit die Erde in einer Höhe von 705 km. Auf Grund einer Inklination von 98.3° überfliegt es jeweils zur gleichen Uhrzeit dasselbe Gebiet. Innerhalb von 16 Tagen wird die gesamte Erde einmal erfasst. Der Spektralbereich der fünf verwendeten Thermalkanäle umfasst das Spektrum von 8.125 µm bis 11.65 µm.

Das Thermal Infrared Radiometer (TIR) mit fünf Spektral-Bändern (vgl. Tabelle 5) im infraroten Bereich ermöglicht die Ableitung der Seehöhe, der Oberflächentemperaturen, der Reflektivität und Emissivität des betrachteten Landteiles.

Es standen für die Untersuchung drei Thermal-ASTER-Szenen zur Verfügung, wobei nur zwei der drei Aufnahmen das Berliner Stadtgebiet abdecken. Die Aufnahmen liegen als vom Anbieter bereits vorprozessierte Level-1B-Daten vor. Die durch das System verursachten Verzerrungen wurden bereits vor der Datenübergabe beseitigt. Für wesentlich höhere Kostenbeiträge sind Daten höherer Level (Temperatur- und Emissivitätsdaten) erhältlich (GILLESPIE ET AL., 1998).

Tabelle 5: Spezifikation der ASTER TIR-Kanäle

Band	ASTER
Band 10	8.125 – 8.475 µm (spektral) 90 x 90 m (spatial für alle Bänder)
Band 11	8.475 – 8.825 µm
Band 12	8.925 – 9.275 µm
Band 13	10.25 – 10.95 µm
Band 14	10.95 – 11.65 µm

Die Daten der beiden ausgewerteten Überfliegungszeitpunkte und der atmosphärischen Zustände während der Aufnahmezeitpunkte lauten wie folgt (Die meteorologischen Daten sind der Berliner Wetterkarte des Meteorologischen Institutes der Freien Universität Berlin des jeweiligen Tages entnommen.):

- 02.04.2001, 10.30 Uhr MEZ, 3/8 Bewölkung, 8,0 m/s Windgeschwindigkeit und in 2 m Höhe eine Lufttemperatur von 15,1 °C
- 26.10.2001, 21.50 Uhr MEZ, 2/8 Bewölkung, 5,0 m/s Windgeschwindigkeit und in 2 m Höhe eine Lufttemperatur von 10 °C

III.1.2.2 Landsat-Daten

Die Landsat-Daten wurden durch eine Kooperation der Humboldt-Universität zu Berlin mit der Berliner Senatsverwaltung für Stadtentwicklung zur Verfügung gestellt. Es erfolgte eine neue Geokodierung dieser Daten, um eine einheitliche Bearbeitung zu gewährleisten.

Die USA hat im Jahr 1982 den Satelliten Landsat 5 mit sieben Kanälen und im April 1999 sein Nachfolgemodell Landsat 7 mit acht Kanälen gestartet. Im neueren Modell befindet sich zusätzlich das multispektrale Aufnahmesystem ETM+ (TM).

Diese Beobachtungssatelliten umkreisen die Erde in einer Orbithöhe von 705 km mit einer 98.2° Inklination. Der Äquatorüberflug erfolgte bei Landsat 5 um 9.30 Uhr, bei Landsat 7 um 10.00 Uhr UTM, sodass weitestgehend gleichbleibende Aufnahmebedingungen herrschen. Während eines etwa einhundertminütigen Erdumlaufs erfasst der Satellit auf der Tagesseite der Erde einen 185 km breiten Streifen. Innerhalb von 16 Tagen wird die gesamte Erde einmal überflogen. Berlin und sein Verflechtungsgebiet werden dabei in etwa 20 Sekunden überflogen. Die räumliche Auflösung des Landsat-5-Satelliten beträgt im thermalen Bereich 120 x 120 m, sein Nachfolger Landsat 7, mit einem thermalen Kanal, hat eine um

60 m verbesserte Auflösung von 60 x 60 m. Beide Kalibrierungsvarianten (high and low gain) werden unterschiedlich angesteuert, sodass je nach Oberflächeneigenschaften ein optimales Ergebnis erreicht werden kann.

Tabelle 6: Spezifikation der Landsat 5 TM und 7 ETM+ Kanäle

Band	Landsat 5 TM	Landast 7 ETM+
Band 6/6.1	10,40 – 12,50 µm (spektral) 120 x 120 m (spatial)	10,40 – 12,50 µm (spektral) 120 x 120 m (spatial)
Band 6.2	10,40 – 12,50 µm (spektral) 60 x 60 m (spatial)	10,40 – 12,50 µm (spektral) 60 x 60 m (spatial)

Die Auswahl der Aufnahmen richtet sich nach den Bedingungen, die bereits geschildert wurden.

Im Folgenden sind die Überfliegungszeitpunkte und die atmosphärischen Zustände während der Aufnahmezeitpunkte aufgelistet. (Die meteorologischen Daten sind der Berliner Wetterkarte des Meteorologischen Institutes der Freien Universität Berlin des jeweiligen Tages entnommen.):

- 14.09.1991, 21.45 Uhr MEZ, 0/8 Bewölkung, 1,0 m/s Windgeschwindigkeit und in 2 m Höhe eine Lufttemperatur von 13 °C
- 15.09.1991, 10.30 Uhr MEZ, 1/8 Bewölkung, 2,5 m/s Windgeschwindigkeit und in 2 m Höhe eine Lufttemperatur von 23 °C
- 13.08.2000, 21.45 Uhr MEZ, 0/8 Bewölkung, 3,0 m/s Windgeschwindigkeit und einer Lufttemperatur in 2 m Höhe von 19,2 °C
- 14.08.2000, 10.30 Uhr MEZ, 1/8 Bewölkung, 2,0 m/s Windgeschwindigkeit und einer Lufttemperatur in 2 m Höhe von 24,4 °C

III.1.3 Verfügbare GIS-Datensätze

Die von der Senatsverwaltung zur Verfügung gestellten Daten der Flächen- und Strukturtypen liegen für die Blockstruktur Berlins, bezogen auf eine topografische Karte im Maßstab 1:50.000 m im ArcView-shape-Format der Bebauungsstruktur vor. Es werden dabei dreißig verschiedene Nutzungsklassen unterschieden. Jedem Block bzw. Teilblock wird ein Nutzungs- und ein Flächentyp zugewiesen. Die bauliche Nutzung wird in 11, die Grünnutzung in 19 Nutzungstypen, die Flächentypen in 63 verschiedene Arten unterschieden (Anhang I).

Damit liegt eine digitale Karte Berlins im Maßstab 1:50.000 im räumlichen Referenzsystem Gauß-Krüger vor. Sie besteht aus nach statistischen Blöcken und homogenen Nutzungen unterteilten Flächen (ca. 25.000 Polygonen) und einer dazugehörigen Datenbank mit den bereits benannten Informationen der Flächennutzung. Der Datenstand ist vom 31.12.2000, aktuellere Daten aus dem Jahr 2007 wurden nicht hinzugezogen, da die jüngsten verwendeten Satellitendaten aus dem Jahr 2001 stammen. Als zusätzliche Informationen wurden die Berliner Bezirke und Ortsteile digitalisiert und in die Datenbank eingefügt. Die Verifizierung der Stadtstruktur mit den überlagerten Satellitenszenen erfolgt anhand markanter Objekte, dem Verlauf von Wasserstraßen, der Lage der beiden Flughäfen und großer Parkanlagen, wie dem Berliner Tiergarten.

Die Kenntnis unterschiedlicher Stadtstrukturtypen bildet eine wesentliche Grundlage städtebaulicher und landschaftsplanerischer Entwicklungsvorhaben auf übergeordneter und lokaler Ebene (SENSTADT 1995, 06.07 Stadtstruktur). Das Aufzeigen von Beziehungen zwischen der Oberflächentemperatur Berlins und der dazugehörigen Stadtstruktur bildet einen grundlegenden Ansatz dieser Arbeit.

Zur Erfassung der Flächentypen wurde eine Vielzahl verschiedener Datengrundlagen verwandt. Grundlage bilden die Flächentypen aus der Nutzungsdatei des Umweltinformationssystems (UIS) der Senatsverwaltung für Stadtentwicklung und dem Umweltschutz Berlin[4]. Grundsätzlich werden Flächentypen mit überwiegender Wohnnutzung von Typen mit anderen Nutzungen unterschieden.

Eine Differenzierung der Wohnnutzung erfolgt anhand ihrer typischen Bau- und Freiraumstruktur sowie ihrer Entstehungszeit. Für die anderen Nutzungstypen spielen Entstehungszeit und Baustruktur eine untergeordnete Rolle, sie besitzen lediglich typische Nutzungscharakteristiken. Zusätzlich wird jeder Flächentyp durch seinen Versiegelungsgrad, Bebauungsgrad und zudem durch seine unterschiedlich durchlässigen Oberflächenbeläge charakterisiert. Damit befinden sich insgesamt 60 verschiedene Flächentypen mit ihren jeweiligen Eigenschaften in der Datenbank.

[4] Die Nutzungsdatei liegt für Berlin West seit 1988 vor. Die vorgenommene Differenzierung basiert auf der Kategorisierung der *Karte Freiraumtypen der Blöcke* von 1981. Abgrenzungskriterien für die Unterscheidung der verschiedenen Freiraumtypen waren Bau- und Freiraumstruktur, Baualter und Nutzung.
Die Systematik der für Berlin West definierten Flächentypen wurde hinsichtlich ihrer Übertragbarkeit auf Berlin Ost überarbeitet, wobei es zu keinen wesentlichen Änderungen kam.

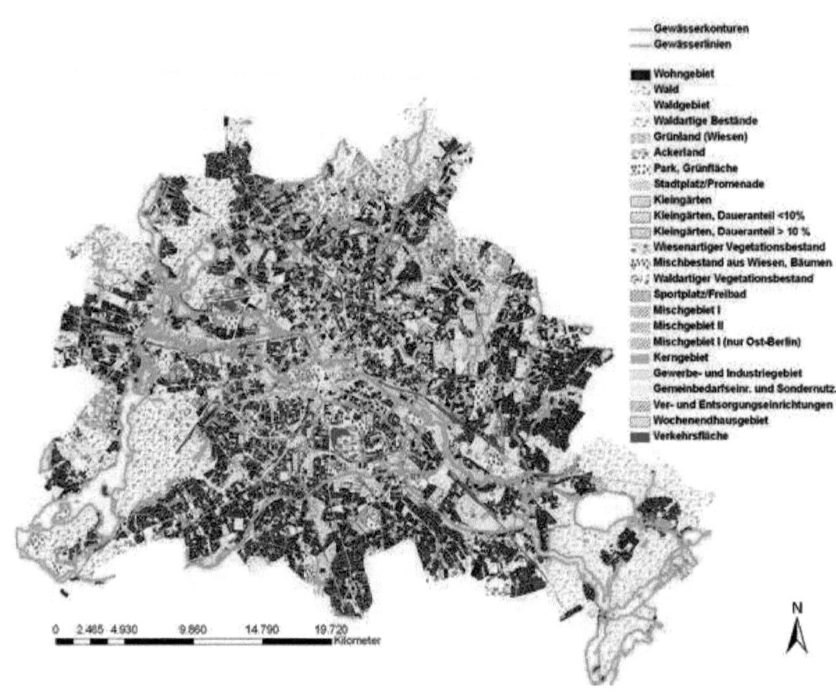

Abbildung 8: Auswahl der am zahlreichsten vertretenden Nutzungstypen und ihre Verteilung in Berlin

III.1.4 ENVImet Daten

Modellierungen dienen dem Zweck der vereinfachten Beschreibung der Wirklichkeit, als Ergebnis einer abstrahierenden Darstellung des behandelten Phänomens.

Die modellierte Fläche entspricht Auszügen des Untersuchungsgebietes im dargestellten Fallbeispiel. Zur Initialisierung sind Werte der relativen Feuchte, der Lufttemperatur, der Temperatur der Oberfläche, der Windgeschwindigkeit und Windrichtung in 10 m über Grund als Eingabeparameter notwendig. Die Simulationen werden exemplarisch an Terminen, an denen Messungen stattgefunden haben, durchgeführt. Da während der Nacht, durch den fehlenden Energieinput der Globalstrahlung, der Grundzustand des Modells zuverlässiger hergestellt werden kann, starteten die Simulationen morgens um 4 Uhr. Nach einem 24-Stunden-Lauf sind Informationen auch über die Phasen vor und nach Sonnenauf- und untergang vorhanden. Die in einer Konfigurationsdatei vorgegebenen Randbedingungen vor jeder Simulation sind im Anhang VII aufgelistet.

Hintergrund der Modellierungen ist zum einen die Verifizierung der Ergebnisse und zum anderen die Möglichkeit der Abschätzung kleinräumiger Modifikationen. Modellierungen der Temperaturdifferenzen zwischen schattigen und sonnigen Untergründen sind ein Beispiel dafür, welchen Einfluss Bäume besitzen können.

III.1.5 Aufbau der Projektdatenbank

In einer Projektdatenbank sind alle im Rahmen dieser Arbeit verwendeten Daten zusammengefasst. Die Satellitendaten wurden als Rasterdaten im Imagine (.img) Format abgelegt, welches bei Bedarf beliebig in andere Rasterformate konvertiert werden kann. Informationen über die Nutzungs- und Flächentypen liegen im geläufigen Shape-Format (.shp) vor. Die dazugehörigen Attributtabellen enthalten unter anderem Angaben über die Größe der Flächen, den Versiegelungsgrad und die Bebauungsstruktur. Nach dem Verschneiden der Daten mit den Nutzungsklassen liegen die Analysekarten ebenfalls im Shape-Format vor.
Die Thermalkameradaten stehen im Image-Format (.IMG), ebenso wie die daraus erstellten Report-Dateien (.REP) im Datenpool zur Verfügung. Die gewonnenen Oberflächentemperaturen sind zur Analyse in verschiedene Statistikprogramme exportiert worden bzw. die manuell entnommenen Ergebnisse der Kameramessungen in diese eingegeben worden. Fotos der Analysegebiete sowie eine Auflistung der jeweiligen Wetterbedingungen erweitern den Datenbestand.

III.2 Methoden

Um Thermaldaten vergleichen zu können, ob miteinander oder auch mit anderem Kartenmaterial, ist eine Korrektur der geometrischen Fehler oder eine Anpassung an die landesüblichen Koordinatensysteme erforderlich. Die Spektralinformationen können auf Grund unterschiedlicher atmosphärischer Verhältnisse sowie ungleicher Aufnahmezeitpunkte stark variieren und müssen zur Vergleichbarkeit angepasst werden.

III.2.1 Bildverarbeitung der Thermalbildkameradaten

Für eine exakte Messung der Oberflächentemperaturen ist es erforderlich, die Auswirkungen einer Reihe von Strahlungsquellen zu kompensieren. Dies geschieht während des Kamerabetriebes automatisch, allerdings müssen dazu in die Kamera einige Objektparameter eingegeben werden. Der wichtigste Parameter ist der in

Kapitel II.2.1.2 besprochene Emissionskoeffizient, des Weiteren müssen die Umgebungstemperatur, die relative Luftfeuchte und die Entfernung zum jeweils zu analysierenden Objekt angegeben werden. Die Parameter werden vor jeder Messung an die jeweiligen Verhältnisse angepasst und in die Kamera eingegeben.

Im Anschluss an die Datenaufnahme durch Feldbegehungen folgte als nächster Schritt die Sichtung und Zusammenstellung der Daten. Unvollständige Datensätze wurden gesichtet und fehlerhafte Daten gelöscht. Messreihen verschiedener Zeiten eines Tages wurden zu *Reports* zusammengefasst und diese dann im Datenpool eingebettet.

Jede einzelne Aufnahme wurde separat bearbeitet. Zur Analyse der Flächen wurde für jeden ausgewählten Bildausschnitt und die darin befindlichen Oberflächen die Entfernung zwischen Kamera und Objekt sowie gleichzeitig der Emissionskoeffizient angepasst[5].

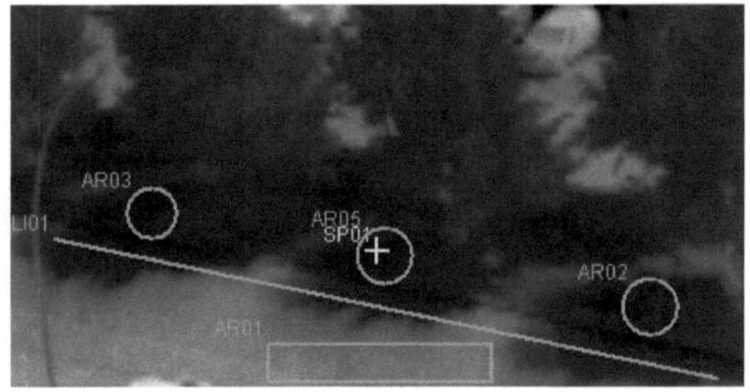

Abbildung 9: Wärmebildkameraaufnahmen werden nachträglich bezüglich der Entfernung und der Emissivität bearbeitet. Die Bildverarbeitung beinhaltet die Möglichkeit, einzelne interessante Flächen/Oberflächen (Asphalt, Wiesen, Dächer etc.) zu markieren und gesondert zu betrachten.

Die digitale Bildbearbeitung ermöglicht die Analyse durch das Setzen von Messpunkten, Flächen und Linien (vgl. Abbildung 9). Innerhalb einer maximal sinnvollen Fläche werden die Temperaturen der jeweiligen Materialien extrahiert und in einer Tabelle, unterschieden nach Datum und Aufnahmezeitpunkt sowie Wetterbedingungen, aufgelistet. Die Auswertung erfolgte anschließend in

[5] Letztendlich lagen ca. 3600 Bilder vor. In jedem Bild wurde, abhängig vom betrachteten Material, der Emissionsgrad und der Abstand der Kamera zum Objekt verändert. Die maximal mögliche Untersuchungsfläche war bei jedem Bild und Untersuchungsgegenstand eine andere und musste demzufolge individuell angepasst werden. Selbst wenn vom günstigsten Fall ausgegangen wird, bedeutete das eine Bearbeitungszeit von mindestens 3 bis 5 Minuten pro Bild.

Statistikprogrammen. Gemittelte Werte für jeden Monat und die drei untersuchten Tageszeiten wurden im Datenpool abgelegt.

III.2.2 Atmosphärenkorrektur und Ermittlung der Landoberflächentemperaturen

Die Atmosphärenkorrektur steht am Beginn einer Reihe von Bildbearbeitungsverfahren. Ihre Aufgabe besteht darin, den Einfluss der Atmosphäre auf die am Sensor empfangene spektrale Strahldichte zu eliminieren oder mindestens zu verringern. Der Einfluss der Atmosphäre modifiziert die Spektralinformationen der Erdoberfläche und vermindert des Weiteren die räumliche Auflösung des Sensors. Bilddaten, die von demselben Sensor, aber zu verschiedenen Zeiten, aufgenommen wurden, unterscheiden sich durch verschiedene atmosphärische Effekte, Sonnenstände, dem Beobachtungswinkel etc. (SONG ET AL., 2001, JANZEN ET AL., 2006). Die Vergleichbarkeit der Daten verschiedener Sensoren miteinander beinhaltet weitere Fehlerquellen (FENSHOLT ET AL., 2006).

Der Einfluss der Atmosphäre setzt sich vor allem zusammen aus:

- Der Streustrahlung, die nicht vom betrachteten Ausschnitt der Erdoberfläche stammt und somit keine Informationen über diesen enthält. Dieser Teil der Strahlung ist für die Untersuchung uninteressant, verstärkt jedoch die am Sensor gemessene Strahldichte und soll daher eliminiert werden.
- Die Streustrahlung, die an einem benachbarten Oberflächenausschnitt reflektiert wird, kann durch Ablenkung in den Lichtweg eines anderen Pixels gelangen. Bei diesem Effekt handelt es sich um den sogenannten Nachbarschaftseffekt *adjacency effect.* Auch dieser Strahlungsanteil führt zu einer unerwünschten Erhöhung der gemessenen Strahldichte.
- Das Problem der Absorption von Strahlung auf dem Weg von der Oberfläche zum Sensor wurde bereits besprochen. Abhängig von der zeitweilig herrschenden Atmosphärenzusammensetzung und dem Luftdruck führt diese zu einer Reduktion der Strahldichte.

Das für die Atmosphärenkorrektur benutzte Modell *ATCOR*[6] (RICHTER, 1996) modelliert die aufgezählten Phänomene und ermöglicht eine annähernde

[6] Bis das verwendete Modul fehlerfrei lief, vergingen über fünf Monate. Erst nach intensivem E-Mail Verkehr, Telefonaten und großer Beharrlichkeit, dass wirklich ein Fehler im Programm besteht, konnte das Programm genutzt werden.

Eliminierung der unerwünschten zusätzlichen Strahlungsanteile. Das *ATCOR 2* Modul ist ein räumlich-adaptives Modell, speziell für relativ flaches Terrain ausgelegt. Es wurde auf der Grundlage des erprobten *LOWTRAN-7* Modells (ISAACS ET AL., 1987, KNEIZYS ET AL., 1988) weiterentwickelt. Es stützt sich auf einen Katalog, der verschiedene atmosphärische Korrekturfunktionen für diverse Umweltbedingungen berücksichtigt. Das Programm enthält für die Atmosphärenkorrektur-Funktion ein breites Spektrum an spezifizierten Standardatmosphären, diese stehen frei wählbar in Look-up-Tabellen zur Verfügung. Die Parameter (Standardatmosphäre, Sichtweite, Aerosol Typen und Wasserdampfgehalt) unterscheiden sich je nach verwendetem Sensor voneinander. Bei gleichen Sichtverhältnissen spielt der Aerosoltyp für thermale Kanäle eine untergeordnete Rolle, der dazugehörige Fehler liegt unter 1 Kelvin (RICHTER, 2006). So ist es möglich, die Berechnungen an die jeweils dominierenden Atmosphärenzustände anzupassen, und Kombinationen unterschiedlichster Rahmenbedingungen sind ausführbar.

Die Software basiert auf einer modularen Hierarchie, die es erlaubt, eine anwendungsspezifische Strategie zu entwickeln, um den Grad des atmosphärischen Einflusses zu bestimmen und diesen partiell oder flächendeckend zu reduzieren.
Nach Bestimmung der Eingangsparameter folgt der automatisierte Prozess der Atmosphärenkorrektur, für die dem Anwender zwei in ihrer räumlichen Betrachtungsweise unterschiedliche Module zur Verfügung stehen. Mit der Annahme eines konstanten Atmosphärenzustandes (*Constant Atmospheric Condition*) arbeitet der erste Algorithmus, der zweite hingegen legt für einzelne Bereiche variierende Atmosphärenzustände zu Grunde (*Spatially Varying Atmosphere*). Aufgrund der Auswahlkriterien für die vorherrschenden Wetterbedingungen ist die Annahme eines konstanten Atmosphärenzustandes ausreichend. Im Ergebnis liegen dunstreduzierte 8-bit-Datensätze vor.

Konkrete theoretische Ausführungen zur Modellstruktur würden an dieser Stelle zu weit führen, sie sind im *ATCOR* Manual nachzulesen (RICHTER, 2008).
Mit Hilfe der in Abschnitt II.2 gegebenen Gesetzmäßigkeiten ist die Berechnung der Oberflächentemperatur möglich (FLYNN ET AL., 2002, DASH ET AL., 2002, RICHTER, 2008). Die Beziehung zwischen der Oberflächenstrahlung und der Temperatur ist abhängig von der Planckfunktion sowie dem verwendeten Spektralkanal (RICHTER,

2006). Für ausgewählte Temperaturbereiche wird die Planckfunktion numerisch durch ein Polynom zweiter Ordnung gelöst. Für jeden Sensor werden dabei verschiedene Polynomial-Koeffizienten verwendet.
Zur Funktionsweise von *ATCOR*: Von den fünf ASTER-Thermalkanälen wird lediglich ein Band verwendet. Der Grund der Verwendung des Ein-Band-Ansatzes liegt in der Tatsache begründet, dass die Temperatur / Emissivität als höheres ASTER-Level-Produkt erhältlich ist (GILLESPIE ET AL. 1996). Wenn Level-1B-ASTER-Daten einer Korrektur unterzogen werden sollen, wird nur das Band 13 als Referenzband verwendet. Bei Landsat-Daten dient das Band sechs als Referenzband. Zuvor müssen die 16-bit-Daten in 8-bit-Daten umgewandelt werden.

Im *SPECTRA* Modul, einem Teil des Programms, wird aus den original aufgezeichneten *Gray Level* Daten des Thermalbandes die Strahlungstemperatur an der Oberfläche berechnet. Dabei wird von einer festen Oberflächenemissivität von $\varepsilon = 0{,}98$ ausgegangen (vgl. Kapitel II.2.1.2). Die errechneten Temperaturwerte können anhand bekannter Oberflächentemperaturen und -spektren getestet und im Bedarfsfall verändert werden (Abbildung 10). Allerdings lässt sich auch dann eine Diskrepanz, zum Beispiel innerhalb einer Wasserfläche mit unterschiedlicher Wassertiefe, nicht vollständig vermeiden.[7] Die gemessenen Grauwerte sind proportional zur am Sensor eintreffenden Strahldichte. Für jeden Kanal muss damit ein Gain und eine Nullabweichung bestimmt werden, um die folgende Gleichung lösen zu können: Die radiometrische Kalibrierung ordnet jeder DN die korrespondierende Strahldichte (L) zu (Gleichung 8). DN steht für *Digital Number* und meint damit den Wert des entsprechenden Pixels im Ausgangsdatensatz. Dabei zeigt *k* die Kanalnummer an und *c0* und *c1* sind die Kalibrierungskoeffizienten (offset und slope):

[7] Das Spektrum der Materialien hängt von verschiedenen Faktoren ab. So ist zum Beispiel die Spektralverteilung von Weizen über einen längeren Zeitraum nicht konstant, auch wenn alle Weizentypen die gleiche Verteilung besitzen. Abhängig von der Höhe der Vegetation, der Farbe des Weizens, beeinflusst durch die vorherrschenden Wetterbedingungen und den Ölgehalt, verändert sich die Reflexionskurve über einen Vegetationszyklus ständig. Als weitere Abhängigkeiten sind der Sonnenstand, die geographische Ausrichtung und der Aufnahmewinkel des Sensors zu berücksichtigen.

$$\text{Radiance } L = (DN-1)^* \text{ conversion\_coefficient} \qquad \text{Gleichung 8}$$

oder

$$L(k) = c_0(k) + c_1(k)^* \, DN \qquad \text{Gleichung 9}$$

DN – Pixelwerte im Bild
k – jeweiliger Kanal
c0 – Konvertierungskoeffizient
c1 – Konvertierungskoeffizient, mit der Einheit $Wcm^{-2}sr^{-1}\mu m^{-1}$

Die benötigten Werte sind den eingebetteten Daten oder den jeweiligen Handbüchern der Satellitenplattformen zu entnehmen.

Für Sensoren mit veränderlichen gain settings lautet die Gleichung:

$$L(k) = c_0(k) + c_1(k)DN(k)/g(k) \qquad \text{Gleichung 10}$$

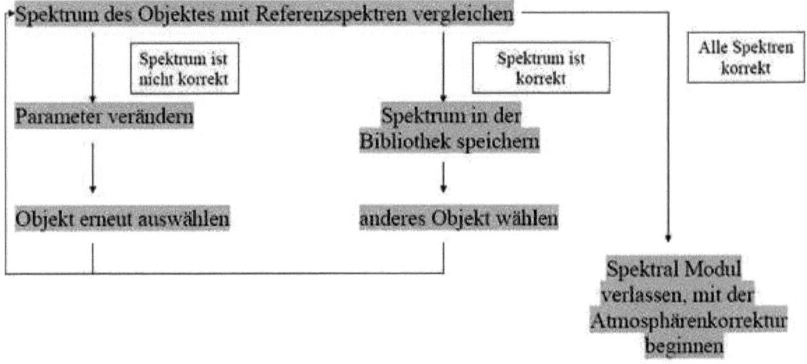

Abbildung 10: Übersicht über die Funktionsweise des SPECTRA Moduls innerhalb des Programmteiles ATCOR von ERDAS 9.0

Die Pixelwerte (Digital Number, DN) nach der Atmosphärenkorrektur entsprechen, wenn es sich bei der Korrektur um Thermalbänder handelt, der Temperatur in Grad Celsius (ATCOR Handbuch). Die Genauigkeit für die thermalen Bereiche liegt bei einem typischen Emissivitätsfehler von 0,02 bei 1–1,5 K (RICHTER, 2008). Am Ende des Programmdurchlaufes liegen Strahlungs-Oberflächentemperaturkarten der ASTER- und Landsat-Szenen vor.

Die Temperaturwerte werden auf zwei Dezimalstellen gerundet, um eine bessere Handhabung zu gewährleisten. Im Ergebnis liegen 8-bit-Daten vor.

III.2.3 Geometrische Korrektur

Die bereitgestellten ASTER- und Landsat-Satellitenbildszenen stehen jeweils im UTM-Koordinatensystem zur Verfügung. Das wesentliche Ziel der Rektifizierung ist es, die während der Aufnahme entstandenen geometrischen Fehler zu eliminieren und das zu korrigierende Satellitenbild an ein vorhandenes geometrisches Referenzsystem anzupassen, um damit die Daten unterschiedlicher Sensoren miteinander vergleichbar zu machen.

Es wurden je Szene über 13 Passpunkte sowie zusätzliche Kontrollpunkte ausgewählt, die nicht zur Berechnung herangezogen werden und somit zur Abschätzung der Genauigkeit beitragen.

Die Passpunkte (*Ground Control Points, GCPs*) werden für die Modellberechnung herangezogen, die Kontrollpunkte (Checkpoints) erlauben eine realistische Einschätzung der Transformationsgüte. Grundsätzlich wäre durch die Anzahl der GCPs auch eine Transformation höherer Ordnung möglich, dies erwies sich jedoch als nicht sinnvoll[8].

Um eine Abschätzung der Genauigkeit der Georeferenzierung vornehmen zu können, wird der Fehlerwert (root mean square error, RMS) betrachtet. Der RMS, der die mittlere Abweichung der Lage der Passpunkte von der (theoretischen) Lage

8

Szene	Anzahl der GCPs	X - RMS (Image Pixels)	Y – RMS
02.04.2001	18	0,47	0,66
09.08.2001(nicht verwendet)	*6*	*1,87*	*-1,72*
26.10.2001	20	0,20	0,42
14.09.1991	16	0,53	0,21
15.09.1991	17	0,17	0,18
13.08.2000	21	0,44	-0,12
14.08.2000	18	0,34	0,31

Bei der Passpunktbestimmung wurde darauf geachtet, dass möglichst das gesamte Gebiet mit Passpunkten gleichmäßig abgedeckt wurde, damit eine hohe Entzerrungsgenauigkeit sichergestellt werden kann. Bei der Szene vom 09.08. gestaltete sich die gleichmäßige Verteilung der Passpunkte sowie die genaue Zuordnung schwierig, diese Szene wurde für die vorliegende Arbeit nicht herangezogen.

Generell wurden Punkte wie Flussbiegungen und Flughäfen sowie große Brachflächen gewählt, die zweifelsfrei identifiziert werden konnten. Unter Zuhilfenahme dieser Passpunkte ist das Erstellen einer Transformationsgleichung möglich, die die Beziehung zwischen den Koordinaten des Eingabebildes und des verwendeten Bezugssystems darstellt.

entsprechend der Polynomlösung beschreibt, sollte minimiert werden. Der Fehler lag unter einem Pixel und damit in einem akzeptablen Bereich (LÖFFLER ET AL., 2005).
Am Ende der Transformation steht das Resampling, welches der neuen Bildmatrix einen passenden Grauwert zuordnet. Das gewählte Nearest Neighbour (NN) Verfahren lässt die radiometrischen Originalwerte der Ausgangsszene weitestgehend unverändert.
Eine radiometrische Korrektur der Daten muss nicht durchgeführt werden, da die Szenen bereits vorprozessiert zur Verfügung stehen. Die Beseitigung der Off-Nadir Probleme ist nicht notwendig, da nur die thermalen Kanäle zur Verfügung standen.

III.2.4 Einsatz von ArcMap / Verschneidung

Die Oberflächentemperaturen liegen zunächst als Satellitendatenderivate, also als Rasterdaten, vor. Für eine gemeinsame Auswertung der Temperaturwerte und Strukturinformationen ist es notwendig, die Rasterdaten in Vektordaten umzuwandeln. In ArcMap erfolgt eine Verschneidung der Vektordaten mit den Flächennutzungspolygonen. Die daraus resultierenden Datensätze enthalten die jeweilige geometrische Schnittmenge sowie Informationen über die Daten beider Ausgangsdatensätze. In der Datenbank sind damit folgende Informationen enthalten:

Tabelle 7: Datenpool-Inhalt des GIS-Datensatzes nach der Verschneidung der Strukturdaten und der Temperaturdaten

Information der Daten	Feldbezeichnung
Nutzungstyp	NUTZ
Stadtstrukturtyp/Flächentyp	TYP
Flächengröße der Einzelflächen	AREA
Mitteltemperatur der Teilflächen der ASTER-Szene vom 02.04.2001	T_averg_02_04_01
Mitteltemperatur der Teilflächen der ASTER-Szene vom 26.10.2001	T_averg_26_10_01
Mitteltemperatur der Teilflächen der Landsat-Szene vom 14.09.1991	T_averg_14_09_91
Mitteltemperatur der Teilflächen der Landsat-Szene vom 15.09.1991	T_averg_15_09_91
Mitteltemperatur der Teilflächen der Landsat-Szene vom 13.08.2000	T_averg_13_08_00
Mitteltemperatur der Teilflächen der Landsat-Szene vom 14.08.2000	T_averg_14_08_00
Bezirksbezeichnung	BEZIRK
Ortsteilname	ORTSTEIL
Versiegelungsgrad	VERSIEG
Belagsklasse	BELAG
Straßenname	AUFSCHRIFT

Um die Oberflächentemperaturinformationen auf die Nutzungstypen beziehen zu können, wurden auf der Grundlage der Mitteltemperatur der Teilflächen eine nutzungsbezogene, flächengewichtete Mittelung durchgeführt. Das gleiche Verfahren wurde bei den Stadtstrukturtypen angewandt. Die daraus entstandene Datenmenge bildet die Grundlage der nutzungs- und typbezogenen Auswertung. Die Attributtabelle wurde um den Versiegelungsgrad und die Belagsklasse erweitert.
Zur Anpassung der Daten an das räumliche Referenzsystem UTM wurden, als räumliche Referenzen, die im Satelliten-Thermalbild deutlich erkennbaren geometrischen Grundrissformen der Uferlinien der Gewässer oder Flughäfen verwendet. Andere mögliche Referenzpunkte, wie Straßenkreuzungen oder Brücken, konnten wegen der unzureichenden Auflösung der Sensoren in ihrer geometrischen Grundrissform nicht eindeutig erkannt und zugeordnet werden.
Letztendlich wurden die Vektordaten an die geometrische Form der genannten Referenzobjekte manuell optisch angepasst und das Ergebnis mit der Zuordnung anderer Raumobjekte verglichen. Hierbei wurde eine hinreichende Genauigkeit festgestellt.
Im Ergebnis der Verschneidung liegen Karten vor, die alle erforderlichen Informationen enthalten.
GIS-Technologien ermöglichen eine flexible Umgebung zur Analyse und Betrachtung digitaler Daten verschiedenster Quellen; dies ist zur Identifikation von Stadteigenschaften notwendig. Die gegebene Beziehung zwischen LST und der Textur der Landbedeckung sowie der Einfluss der städtischen Entwicklung auf die Oberflächentemperaturen kann bemessen werden. Zusammenfassend kann festgestellt werden, dass Fernerkundungsdaten eine zunehmend an Bedeutung gewinnende Komponente für Forschungsbeobachtungsprogramme sind (COPPIN ET AL., 2004, GROSS ET AL., 2006, KENNEDY ET AL., 2009).

III.2.5 ENVImet Modellierungen

Simulationen sind grundsätzlich nur eine Annäherung an den tatsächlichen Zustand. Das hier gewählte Modell zur numerischen Analyse von Wärmebilanz, Strömungsfeld, Ausbreitung und Behaglichkeit ist das an der Universität Bochum entwickelte numerische, drei-dimensionale Modell ENVImet, Version 3.0 (BRUSE & FLEDER, 1989, BRUSE, 1999).

ENVImet ist ein drei-dimensionales Modell (mit zwei horizontalen; x,y und einer vertikalen; z Dimension), welches das System Stadt mit all seinen typischen verschiedenen Oberflächen, Gebäuden und Pflanzen erfassen kann und die gegenseitige Abhängigkeit der Faktoren berücksichtigt.

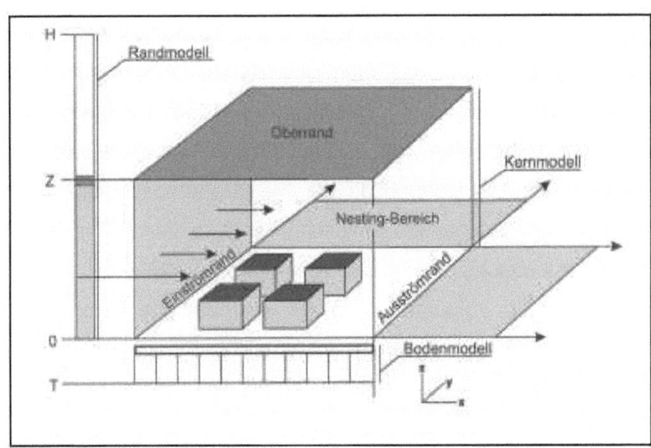

Abbildung 11: Schematischer Aufbau des Modells ENVImet (Quelle: Bruse, 1999)

Allgemeine Grundlage bilden die Haushaltsgleichungen für Bewegung (Navier-Stokes-Gleichung), für Kontinuität (Kontinuitätsgleichung), für Temperatur, Feuchte und Luftbeimengungen, sowie die Zustandsgleichungen für Turbulenzenergie, adiabatische Änderungen und für Gase. Die Kopplung des atmosphärischen Systems findet über die Wärmebilanzgleichung der jeweils betrachteten Oberfläche statt. Genaue mathematische Beschreibungen sind bei BRUSE (1999) zu finden.

Alle Elemente werden in einem rechtwinkligen Modellquader dargestellt, ähnlich dem Arbeiten mit Bausteinen. Die so entstandenen Strukturen können dann rechnerisch mit Wind durchströmt und mit Sonne beschienen werden. Durch die Wechselwirkung von Sonne und Schatten sowie durch unterschiedliche physikalische Eigenschaften der Materialien wie Beton, Holz, Asphalt etc. entwickeln sich im Laufe eines simulierten Zeitabschnittes verschiedene Temperaturkontraste, die ihrerseits die Wärme und Feuchtigkeit an die Luft abgeben. Neben der Lufttemperatur berechnet das Programm noch weitere meteorologische Größen wie Luftfeuchtigkeit, Turbulenzen, ebenso wie diverse Strahlungseinflüsse. Um Wechselwirkungen zwischen Vegetation und Atmosphäre nachzuempfinden, bildet das Modell das physiologische Verhalten der Pflanzen nach, beispielsweise das Öffnen und

Schließen der Blattspalten, Wasseraufnahme über die Wurzeln und Änderungen der Blatttemperatur (BRUSE, 2000).
Dem Kernmodell ist am Einströmrand ein eindimensionales Randmodell vorgeschaltet. Damit ist es möglich, die vertikale Verteilung der Anfangsparameter auch für das drei-dimensionale Modell zu gewährleisten.
Der Nestingbereich dient dazu, eine möglichst ungestörte Übertragung der ein-dimensionalen Randwerte in das dreidimensionale Modell zu ermöglichen, störende numerische Randeffekte entfallen weitgehend.

ENVImet ermöglicht durch die Art der Parametrisierung subskaliger Prozesse Gitterweiten von 1 m bis ca. 20 m. Die maximale Gitterweite liegt, bedingt durch Rechner- und Speicherleistungen, bei momentan höchsten 120 x 120 Gitterpunkten. Zur Validierung sehr kleinräumiger Bereiche ist das Modell aber hervorragend geeignet.
Es ist eine nahezu unbegrenzte Wahl von Eingangsdaten möglich. Das Untersuchungsgebiet kann beliebig zusammengestellt werden. Die Eingabe der Kennzahlen für Böden, Vegetationsbestände und Gebäudegrößen sind aus einem vordefinierten Katalog frei wählbar. Erweiterungen der Variablen können, bei entsprechender Modellkenntnis, erstellt werden. Meteorologische Ausgangsbedingungen, die geografische Lage, ebenso wie Simulationszeit und -umfang, ermöglichen das genaue Anpassen der Simulation auf das zu modellierende Areal.
Um eine größtmögliche Auslastung der Speicherkapazität und der Rechenleistung zu gewährleisten, wurde das Konzept eines zusätzlichen ein-dimensionalen Modells (vertikal) hinzugefügt.
Das Boden-Modell ist unumgänglich, um den Wärmetransport von der Oberfläche in den Untergrund und umgekehrt zu kalkulieren. Damit sind Aussagen über die Transpiration sowie die Verfügbarkeit von Wasser an der Erdbodenoberfläche möglich.
Mit diesem Simulationsmodell ist die Erfassung der Auswirkungen städteplanerischer Maßnahmen für einen Straßenzug oder ein ganzes Viertel in ihrer gesamten Komplexität durchführbar.
Ziel ist es, den günstigsten Standort und optimale Baumaterialien für ein Gebäude zu finden, um eine thermisch behagliche Umgebung zu schaffen. Innerhalb vorhandener

Bausubstanzen können verschiedene Maßnahmen erprobt werden, um die Lebensqualität der Menschen zu steigern.

IV. Kapitel

Ergebnisse

IV.1 Erste visuelle Auswertung eines Satellitenbildes

Für einen ersten flächenhaften Eindruck wurde eine repräsentative ASTER-Satellitenszene ausgewählt. Das Verständnis und die präzise Kenntnis der horizontalen Verteilung der Landoberflächentemperaturen in zeitlicher und räumlicher Auflösung stehen bei der vorliegenden Studie im Vordergrund. Die Analyse horizontaler Strukturen hat gezeigt, dass viele europäische Städte vergleichbare Strukturen besitzen (ELIASSON, 1996). Damit leistet diese Arbeit einen Beitrag zum vertiefenden Verständnis der Zusammenhänge zwischen den Strukturen und den Landoberflächentemperaturen innerhalb einer europäischen Metropole.
In der Darstellung der Landsat-Szene vom 14.08.2000 um 10.30 Uhr MEZ (vgl. Abbildung 12) wird das Stadtgebiet für einen beispielhaften Vormittag im Sommer als ein Sektor mit prinzipiell stark variierender langwelliger Ausstrahlung gekennzeichnet. Die Abbildung zeigt gemessene Oberflächentemperaturen, unter Verwendung des *Stefan-Boltzmann-Gesetzes*, konvertiert in Strahlungsflussdichten (vgl. Kapitel II).
Die thermale Signatur ist keineswegs überraschend. Am auffälligsten dabei sind die Gelände der Berliner Flughäfen Tegel und Tempelhof (*A und B* in der Karte), aufgrund ihrer ausgedehnten versiegelten Landebahnen. Bei direkter Solareinstrahlung erwärmen sich diese Flächen in kürzester Zeit und erreichen

bereits um 10.30 Uhr Werte über 500 W/m², was einer Temperatur von über 30 °C entspricht.

Gewässer und Wälder hingegen stellen flächenhafte Bereiche mit geringen Strahlungswerten von kaum über 350 W/m² dar und sind am Rande Berlins deutlich grüne Bereiche. Durch Abschattung der Baumkronen werden die Strahlungsflussdichten gering gehalten, bei den etwas lichteren Parkanlagen (Tiergarten *I* in der Karte) ist dieser Effekt etwas abgeschwächter sichtbar. Anschaulich sind am Tag Gewässer als kühle Areale zu bewerten. Die großen Seenketten des Wannsees (*C*), genau wie die größeren Spreearme (*D*) sind als kühle Bänder sichtbar. Diese Tatsache kehrt sich am Abend um. Durch verschiedene Wassertiefen und Durchmischungen sind Wassertemperaturen nur mit Vorsicht zu beurteilen und werden bei den weiteren Analysen nicht berücksichtigt. Zahlreiche kleinere Hotspots sind unmittelbar mit stadtstrukturell markanten Gebieten verknüpft. Der Betriebsbahnhof Schöneweide beispielsweise mit angrenzender großer Brachfläche ist im Südosten Berlins als Hotspot (*H*) erkennbar. Große landwirtschaftlich genutzte Flächen sind als weitere stark erwärmte Bereiche (*E und G*) deutlich sichtbar. Am Rande dieser landwirtschaftlichen Flächen siedeln sich vermehrt Industrie- und Gewerbegebiete an, die mit ihren meist kostengünstig errichteten Gebäuden mit großen Dachflächen die messbaren Erwärmungseffekte am Vormittag und Mittag verstärken *(F)*. Es ist daher keineswegs so, dass nur Gewerbe- und Industriegebiete als sehr stark erwärmte Bereiche am Tag hervorgehoben werden müssen. Innerstädtische Bebauung, geprägt durch hohe Bebauungsdichte und einen hohen Versiegelungsgrad, werden in ihren mikroklimatischen Aussagen in Kapitel IV.2 beschrieben.

Am Tag ist aufgrund der hohen Heterogenität der Stadtstruktur die Ausbildung geschlossener Isothermen nahezu ausgeschlossen. In der Nacht stellt sich die Stadt mit ihren thermischen Besonderheiten ganz anders dar (vgl. IV.1.1). Die topografischen Gegebenheiten Berlins schließen eine Temperaturbeeinflussung im großen Maßstab weitestgehend aus.

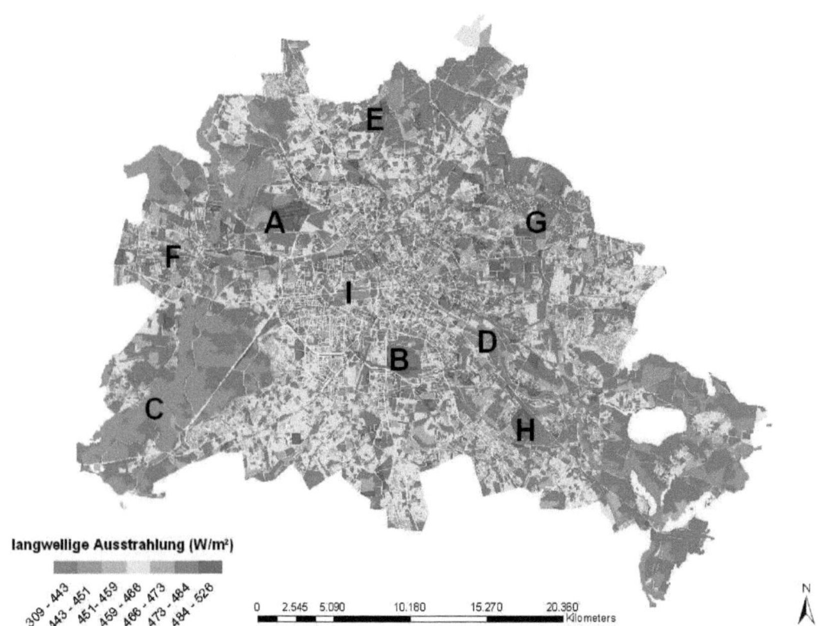

Abbildung 12: Räumliche Verteilung der langwelligen Ausstrahlung über das gesamte Stadtgebiet Berlins [W/m²]; Datengrundlage ist die Landsat-Szene vom 14.08.2000 um 10.30 Uhr MEZ (Sommer)

IV.1.1 Räumliche und zeitliche Analyse der SUHI

Nach einer ersten elementaren Sichtung erfolgt die konkrete Analyse der räumlichen Verteilung der SUHI anhand von Übersichtskarten (Abbildungen 13 bis 18), beispielhaft für verschiedene Jahres- und Tageszeiten.

Die begrifflichen Unterschiede einer atmosphärischen Wärmeinsel (UHI) und einer Oberflächenwärmeinsel (SUHI) wurden bereits in der Einleitung benannt. Eine SUHI kann zu allen Tageszeiten auftreten, variiert allerdings in ihrer Intensität. Grundsätzlich gelten folgende Mechanismen am Tag:

$T_{Dach} >> T_{Wand} > T_{Boden} > T_{Innen}$

Dächer erfahren direkte Sonneneinstrahlung und eine damit verbundene schnelle Erwärmung; Straßenschluchten, Wände und Böden liegen vergleichsweise schattig. Während der Nacht kehrt sich dieser Mechanismus um:

$T_{Innen} > T_{Wand} > T_{Boden} >> T_{Dach}$

Dächer kühlen durch geringe Speicherkapazität sehr schnell aus und erscheinen damit als sehr kühle Oberflächen. Die Straßen und Wände allerdings fungierten am Tag als Wärmespeicher und haben demzufolge ein hohes nächtliches Abstrahlungspotenzial.

Zur besseren Übersichtlichkeit erfolgt in den GIS–basierten Illustrationen der räumlichen Verteilung der Oberflächentemperaturen eine Unterteilung in jeweils nur fünf Temperaturbereiche.

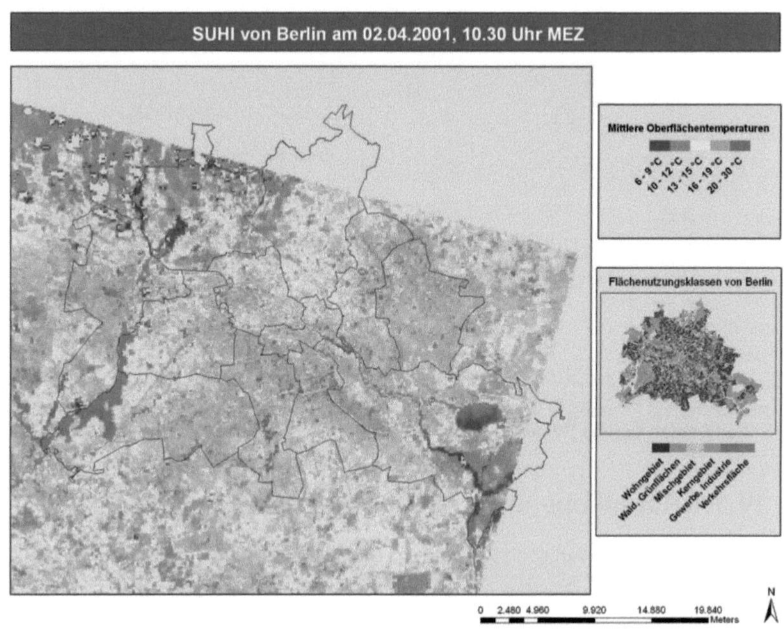

Abbildung 13: Räumliche Verteilung der Oberflächentemperaturen in Berlin am 02.04.2001, 10.30 Uhr MEZ

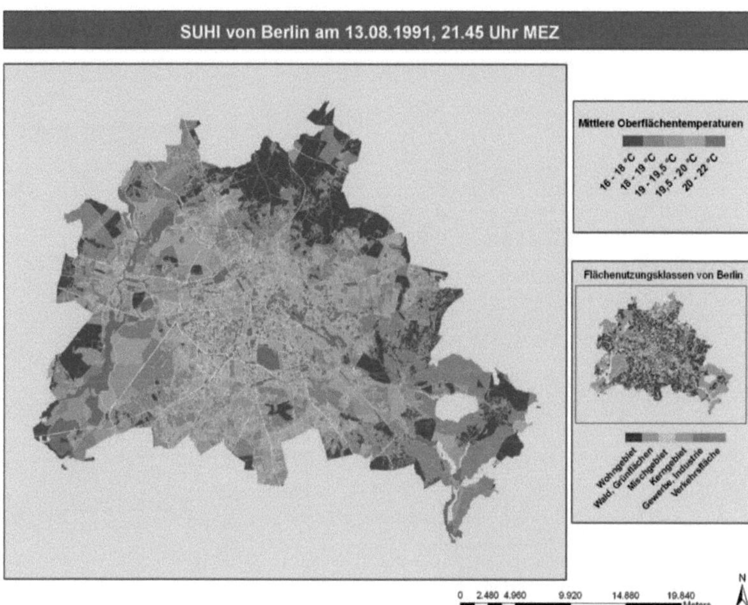

Abbildung 14: Räumliche Verteilung der Oberflächentemperaturen in Berlin am 13.08.2000, 21.45 Uhr MEZ

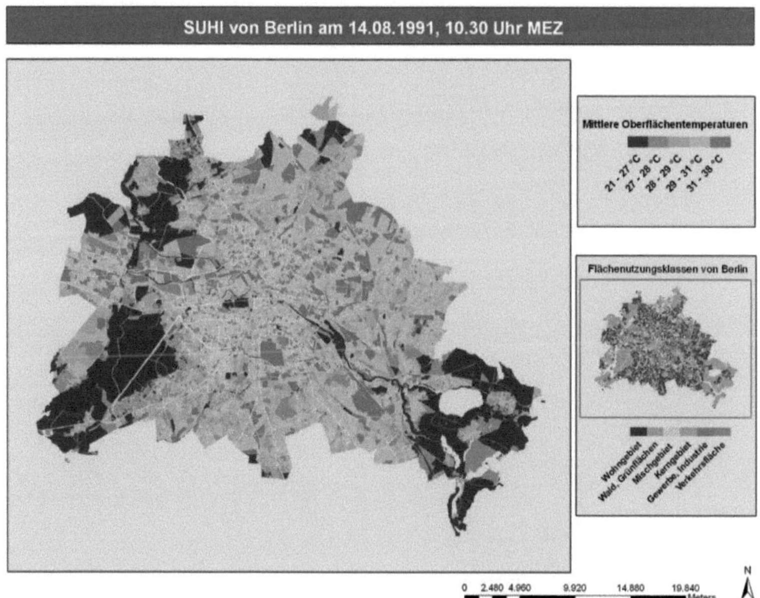

Abbildung 15: Räumliche Verteilung der Oberflächentemperaturen in Berlin am 14.08.2000, 10.30 Uhr MEZ

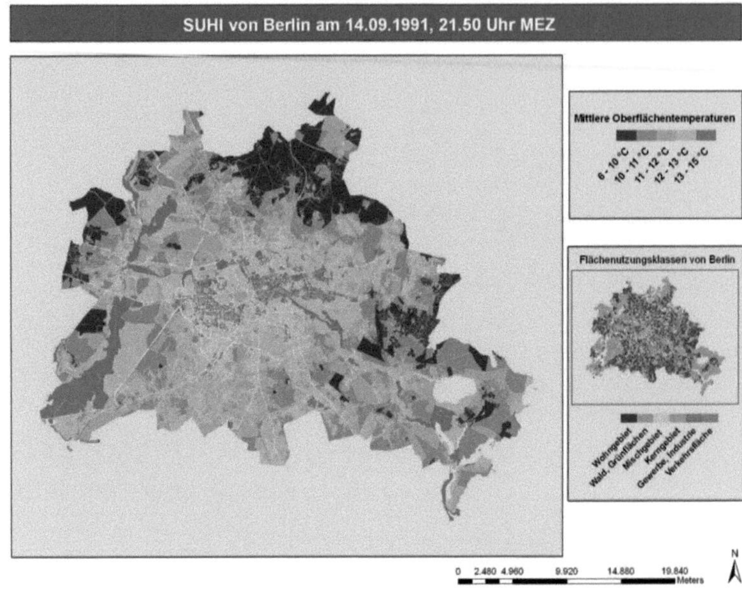

Abbildung 16: Räumliche Verteilung der Oberflächentemperaturen in Berlin am 14.09.1991, 21.50 Uhr MEZ

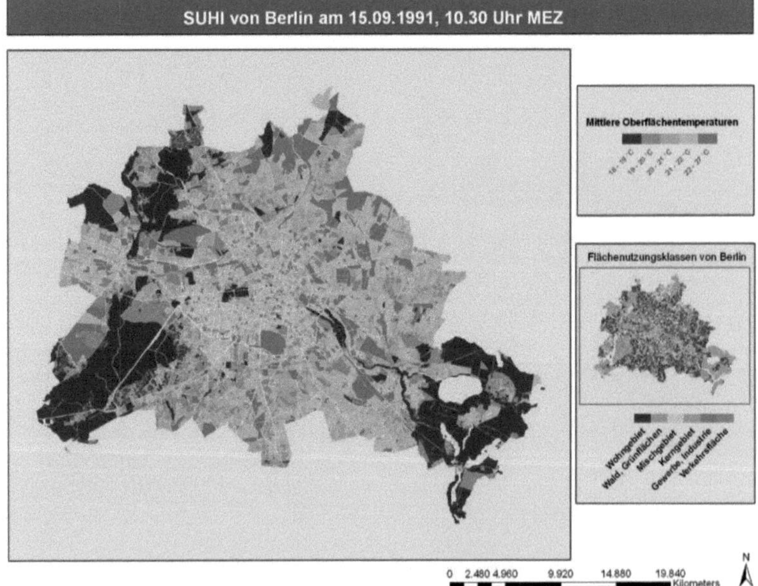

Abbildung 17: Räumliche Verteilung der Oberflächentemperaturen in Berlin am 15.09.1991, 10.30 Uhr MEZ

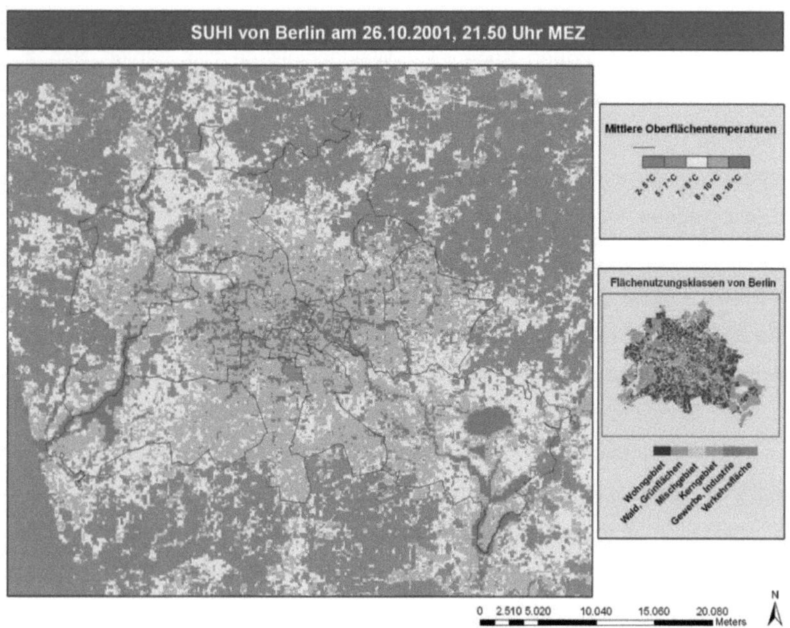

Abbildung 18: Räumliche Verteilung der Oberflächentemperaturen in Berlin am 26.10.2001, 21.50 Uhr MEZ

Die augenfälligsten Unterschiede zwischen den Karten liegen im Vergleich der Tageszeiten. In den Abendstunden ist in allen Karten (Abbildung 14, 16 und 18) ein massiv erwärmter Innenstadtbereich zu erfassen. Die Temperaturen sinken in den Sommermonaten nicht unter 10 °C, sie bleiben im Durchschnitt nah an der 20 °C Marke oder sogar darüber. Nach Sonnenuntergang ist der Unterschied zwischen Außen- und Innenstadtbezirken sehr deutlich auszumachen.

Am Tag ist aufgrund hoher Heterogenität, vorrangig durch die rasante Erwärmung der Dächer und der unbewachsenen Freiflächen, kein einheitlich erwärmter Stadtbereich erkennbar, große einheitliche Temperaturkontraste verschwinden. Hohe Temperaturwerte sind damit nicht nur in der unmittelbaren Innenstadt, sondern auch in den Außenbezirken mit großen landwirtschaftlichen Flächen zu finden, die durch mangelndes Speichervermögen bei nachlassender Einstrahlung sehr schnell abkühlen und in den Nachtstunden als sehr kühle Oberflächen erscheinen.

Der größte Anteil an Grünflächen ist im Stadtrandbereich zu finden. Besonders auffallend sind die Waldflächen im Südwesten, die den Grunewald und den Forst Düppel umfassen. Im Nordwesten sind der Tegeler und Spandauer Forst als thermisch ausgleichende Flächen am Tag und in den Abendstunden zu erkennen. Im Südosten treten die großen Köpenicker Waldgebiete deutlich hervor. Nahezu die Hälfte, 45 % aller Berliner Grün- und Freiflächen, sind der Nutzungsklasse Wald zuzuordnen (SenStadt, 2004). In Kapitel IV.2.1 erfolgt eine genaue Einordnung der Temperaturen anhand einzelner Nutzungsklassen. Die niedrigsten Temperaturwerte sind übergreifend am Vormittag in den genannten großen Waldgebieten und großen Parkanlagen zu finden. Dichte Vegetation ist in der Lage, den Hitzestau zu verringern und durch Transpiration abzuschwächen. Unbebaute, unversiegelte Areale sowie große Rasenflächen sind ausgedehnte kalte Flächen in der Nacht.

Gewässer sind aufgrund ihrer thermischen Trägheit am Tag kühler als alle anderen sich nach Sonnenaufgang häufig rasch erwärmenden Oberflächen, während sie nach Sonnenuntergang mit nahezu gleich bleibenden Temperaturen als warme Oberflächen sichtbar werden.

Die beiden innerstädtischen Flughäfen zeigen ein sehr markantes Temperaturverhalten, induziert durch große Ausdehnungen stark versiegelter einheitlicher Flächen und dem damit verbundenen hohen Speicherpotenzial. Mit der räumlichen Verteilung der Strukturtypen *Gewerbe- und Industrieflächen* gehen hohe Temperaturen einher, die sich bis in die Abendstunden halten können. Gefolgt von den LST besiedelter Gebiete, hier ist eine Mischung von Gebäuden und einem kleineren Beitrag an Vegetation vorzufinden. Die weniger stark versiegelten Randgebiete mit einem hohen Anteil an Vegetation zeigen deutlich abnehmende Temperaturen in den Abendstunden. Innerhalb der Innenstadt kommt zusätzlich zu der sehr dichten Besiedlungsstruktur ein hoher Versiegelungsgrad der Verkehrsflächen als thermisch belastend hinzu. Hohes Speichervermögen dieser Flächen bedingt eine weitere Erhöhung der LST während der ausstrahlungsintensiven Abendstunden.

Eine Analyse der vorliegenden Zeitserie ist nur in begrenztem Umfang möglich, da nur für einen Sommermonat und einen Spätsommermonat zusammenhängende Tag- und Nachtszenen verfügbar sind. Die Übergangsjahreszeiten sind mit nur je einer Szene vertreten, sodass ein Vergleich innerhalb eines Tages nicht stattfinden kann. Die Amplituden (vgl. Tabelle 8) der Oberflächentemperaturen zeigen, dass die saisonalen Variationen der SUHI-Intensität am Tag größer als in der Nacht sind. Die direkte Solarstrahlung und thermale Trägheit sind Gründe dafür.

In den Übergangsjahreszeiten sind die intensivsten Effekte der Temperaturunterschiede speziell zwischen Gewässern mit sehr trägem Verhalten und den anthropogenen Materialien mit großem Erwärmungspotenzial bei Sonneneinstrahlung feststellbar.

Tabelle 8: Temperaturspanne gemittelter Oberflächentemperaturen über das gesamte Berliner Stadtgebiet für verschiedene Jahreszeiten, Datengrundlage bilden die sechs analysierten Satellitenszenen

Zeitpunkt	Temperaturspanne
Frühling Vormittag	24 K
Sommer – Vormittag	17 K
Sommer – Abend	6 K
Spätsommer – Vormittag	11 K
Spätsommer – Abend	9 K
Herbst - Abend	14 K

Die Temperaturamplitude innerhalb des Berliner Stadtgebietes beträgt im Frühling bis zu 24 Kelvin am Tag, im Sommer liegt sie bei 11 – 17 Kelvin. Der Kontrast zwischen den kalten Gewässern und den umliegenden Oberflächen hat deutlich nachgelassen. Die Nächte in den warmen Jahreszeiten haben eine niedrige Temperaturspanne von unter 10 Kelvin. Saisonale Unterschiede zwischen den Übergangsjahreszeiten und den Sommermonaten sind am Tag besonders deutlich. Obwohl die Aufnahmen drei Jahreszeiten abdecken, ist es schwierig, Aussagen über den jahreszeitlichen Verlauf zu treffen. Für die Wintermonate sind diesbezüglich keine Aussagen möglich; mit Hilfe der Thermalkameramessungen können jedoch Aussagen über alle Monate eines Jahres getroffen werden (Kapitel IV.4).

IV.1.2 Transekt über das Untersuchungsgebiet

Die Transekten stellen die intra-urbane Variation der Oberflächentemperatur dar, um einen ersten Schritt zur Betrachtung der Beziehung zur Landnutzung zu ermöglichen. Der visuelle Vergleich der Flächenstrukturen mit den Oberflächentemperaturen in IV.1.1 zeigt deutlich eine Konzentration hoher Temperaturen in bebauten Gebieten, ebenso wie geringere Werte in Arealen mit hohem Vegetationsanteil.

Die Profile in Abbildung 19 verlaufen durch verschieden dicht bebaute Gebiete, wodurch eine erste Annäherung an das Temperaturverhalten in diesen Bereichen möglich ist.

Das Nord-Süd Profil verläuft vom Berliner Umland über die Innenstadt weiter bis zu den südlichen Außenbezirken.

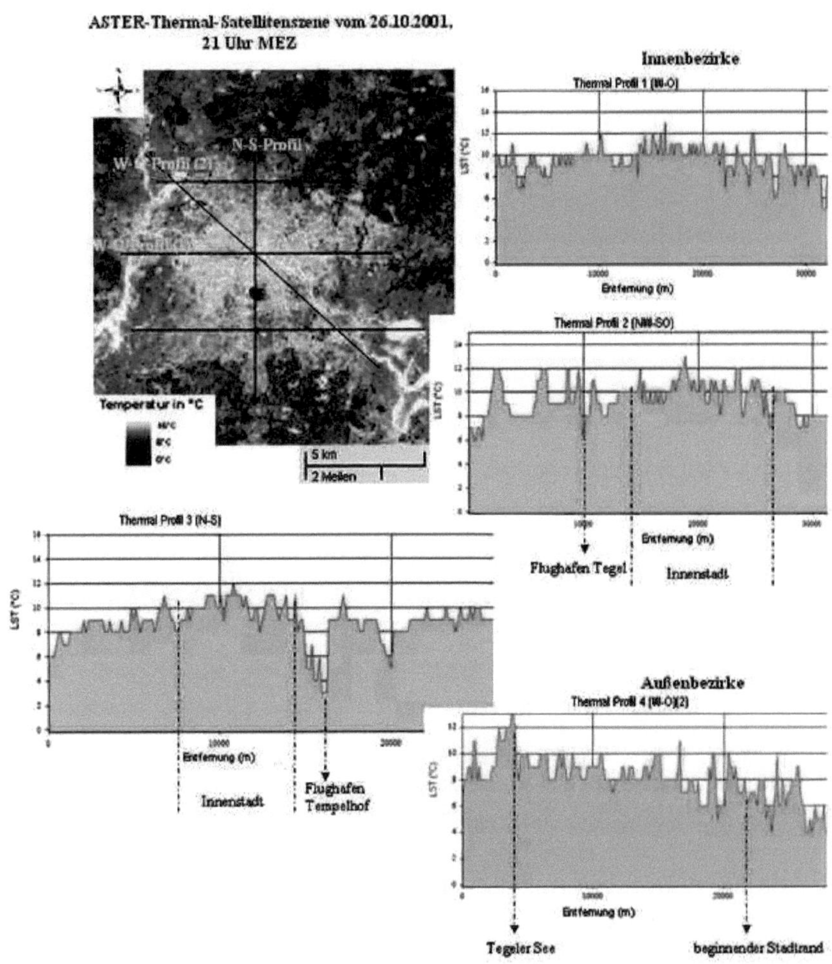

Abbildung 19: ASTER-Thermal-Szene vom 26.10.2001, 21.50 Uhr MEZ und ausgesuchte Thermal-Profile von Transekten durch das Stadtgebiet

Dieser Transekt hat, aufgrund der Überquerung des thermisch markanten Flughafengeländes Tempelhof, das eindruckvollste Profil. Innerhalb dieser Profillinien treten Temperaturunterschiede bis zu 9 Kelvin auf. Die zu erkennenden Spitzen und

Täler der Temperaturverläufe zeigen die heterogene Natur des Temperaturgradienten über dem Raum einer Stadt.

Das Temperaturniveau der Innenstadt stellt sich innerhalb der einzelnen Profile ohne eine ausgeprägte Amplitude dar. Aufgrund der sehr gleichmäßigen dichten Bebauung und fehlender ausgedehnter Vegetation wird die kompakte Innenstadt als ein Bereich ohne größere Temperaturkontraste illustriert. Das West-Ost-Profil (1) der innerstädtischen Bezirke zeigt eine ausgewogene Temperaturverteilung mit höchsten Werten, da mehr Landbedeckung mit insgesamt höheren Temperaturwerten überquert wird. Der West-Ost (2) Transekt lässt den Übergang von bebauten Gebieten hin zum marginalen Stadtrand durch ein abfallendes Profil erkennen.

Die relativen Maxima und Minima der LST sind immer an dieselbe Stadtstruktur gebunden. Positive oder negative Beeinflussungen der Temperaturverläufe innerhalb von Mikromaßstabsbereichen sind durch Änderungen der Eigenschaften individueller Oberflächen oder kleinräumiger Veränderungen möglich. Dies setzt allerdings das ausführliche Verständnis der Zusammenhänge voraus.

IV.2 Vergleich der Ergebnisse nach verschiedenen Kriterien

Kapitel IV.2 stellt einen Vergleich der Temperaturvariationen zwischen einzelnen Berliner Bezirken anhand diverser Kriterien her. Die beiden folgenden Abbildungen (20 und 21) stellen Temperaturdiskrepanzen zwischen den Tag- und Nacht-Satellitenszenen grafisch dar.

Grundlage bilden die gemittelten Oberflächentemperaturen zweier unmittelbar aufeinander folgender Tag- und Abend-Sommerszenen in Relation zu den Berliner Stadtbezirken.

Beide Abbildungen erlauben eine eindeutige Zuordnung der Außen- und Innenbezirke zu den jeweils niedrigsten und höchsten Temperaturwerten. Die drei typischen Marginalbezirke Köpenick, Zehlendorf und Pankow sind mit Werten zwischen 12 und 13 °C am Abend und 18 bis 20 °C während der Vormittagsmessung niedrigen Temperaturen zuzuordnen. Äquivalent sind die Bezirke Schöneberg, Prenzlauer Berg und Kreuzberg drei typische Innenbezirke. Ihre gemessenen Temperaturen liegen jeweils deutlich über dem Durchschnitt. In beiden Darstellungen ist der Bezirk Schöneberg mit den höchsten Werten belegt. Am Tag werden Differenzen von bis zu 10 Kelvin zwischen der City und dem Stadtrand gemessen.

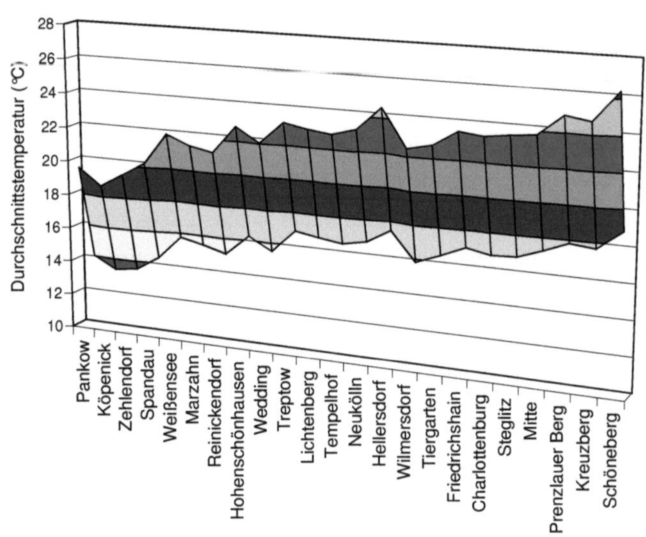

Abbildung 20: Mittlere Oberflächentemperaturen, gemittelt über die Berliner Stadtbezirke für zwei Satellitenszenen am Vormittag, Spätsommer 1991, Sommer 2000

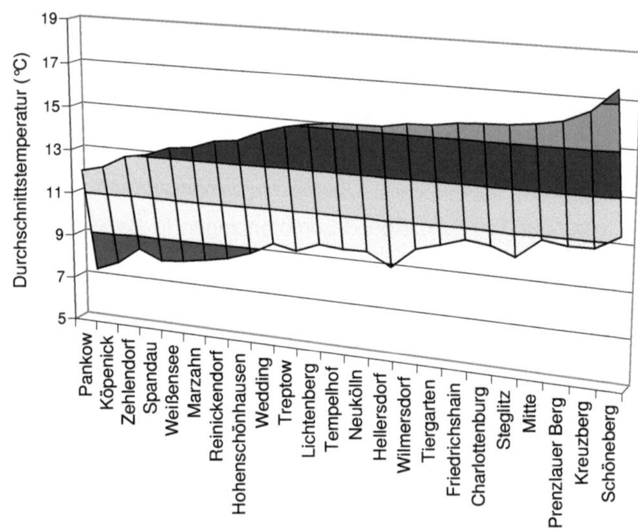

Abbildung 21: Mittlere Oberflächentemperaturen, gemittelt über die Berliner Stadtbezirke für zwei Satellitenszenen am Abend, Spätsommer 1991, Sommer 2000

Auch die LST für die Abendszene zeigen eine einheitliche Trennung zwischen den Außen- und Innenbezirken bezüglich ihres Temperaturverhaltens. Die maximalen Werte der Innenstadt liegen um bis zu 5 Kelvin über den Temperaturen der Marginalbezirke.
Die Vormittagsszenen zeigen das bereits beschriebene undifferenzierte Temperaturverhalten. Nachts ist eine nahezu lineare Temperaturzunahme von den Außenbezirken hin zu den Innenbezirken zu erkennen. Die Übergangsjahreszeiten wurden zur Darstellung nicht ausgewählt, da keine signifikante Verteilung darstellbar war.
Im Folgenden wird versucht, anhand verschiedener Gesichtspunkte die getroffenen Zuordnungen der Temperaturverteilung auf bestimmte Nutzungsklassen, bis hin zur vorwiegenden Existenz einzelner Materialien, zu begründen.

IV.2.1 Unter Verwendung der Merkmale der Bebauungsstruktur

Temperaturdaten in Verbindung mit Landnutzungsinformationen ermöglichen eine detaillierte Analyse der Temperaturmodifikationen. Die LST sind ein Schlüsselparameter, der physikalische, chemische und biologische Prozesse der Erde kontrolliert und damit ein entscheidender Faktor für die Untersuchung des städtischen Klimas ist (VOOGT & OKE, 2003). Städte mit unterschiedlicher Landnutzung erscheinen häufig als ein Mosaik aus warmen und kalten Bereichen im Vergleich zu Arealen einheitlicher Landnutzung (ELIASSON, 2000).
Zur räumlichen Bewertung der thermischen Verhältnisse des Stadtgefüges wurden die ermittelten Temperaturwerte aus den Satellitendaten mit Informationen zur Flächennutzung verknüpft. Die Oberflächentemperaturen ohne hinreichende Verknüpfungen können zu Fehlinterpretationen führen.
Die Einteilung der Landoberflächen in Nutzungsklassen wie Waldgebiete, Wohngebiete, Gewerbe- und Industriegebiete etc. sind eine Standardauswertungsmöglichkeit, um temporäre und längerfristige Veränderungen der thermischen Variationen erfassen zu können.
Die beiden folgenden Tabellen (Tabellen 9 und 10) zeigen die gemessenen Maximalwerte, die minimalen Temperaturen sowie die ermittelten Durchschnittstemperaturen ausgewählter Nutzungsklassen. Es wurden aus Gründen der Übersichtlichkeit nicht alle verfügbaren Nutzungsklassen in die Tabelle aufgenommen. Am markantesten sind dabei die Temperaturspannen der

Vormittagszenen für die Nutzungsklassen *Gewerbe*, *Verkehr* und *vegetationsfreie Flächen*. Gründe dafür liegen in der bereits erläuterten raschen Erwärmung der *vegetationsfreien Flächen* durch den fehlenden dämpfenden Einfluss der Vegetation. Gewerbegebiete besitzen als typisches Baumerkmal ausgedehnte Dachflächen, die sich am Tag, durch rasches Erwärmen, als sehr warme Flächen (aufgrund des „Dächerblickes" der Satellitensensoren) darstellen.

Tabelle 9: Gemittelte Oberflächentemperaturen, abgeleitet aus den verwendeten ASTER- und Landsat-Satellitenmessungen am Tag (15.09.1991, 14.08.2000 und 02.04.2001) über verschiedene Nutzungsklassen

Satellitenszene	Wohngebiet	Wald	Waldgebiet	Grünland	Park, Grünfläche	Stadtplatz	Kleingärten	Vegetationsfrei	Mischgebiet I	Mischgebiet II	Kerngebiet	Gewerbe-Industrie	Gemeinbedarf	Ver- und Entsorgung	Verkehrsfläche
D91 Mean	20,6	9,9	8,7	9	13,4	20,6	11,7	11,6	19,1	17,7	16,8	14,1	12,6	14,3	14,3
D91 Max	24,3	23,7	25,1	24,6	23,8	24	24,5	26,5	24,2	23,5	23,8	26,2	24,9	25	26,7
D91 Min	17,3	17	16,6	18,1	17	18	17,6	18,2	17,3	18,3	17,8	18,6	17	17,9	17,8
Std Grund	0,98	0,84	0,83	0,89	0,92	0,94	1,01	1,2	0,95	0,89	0,83	1,13	1,07	1,24	1,16
D00 Mean	30,2	14,1	12	12,4	18,	28,9	16,5	15,9	27,0	24,9	23,4	19,8	17,7	20,1	20
D00 Max	35,9	31,4	26,9	34,4	32,7	33,81	33,6	37,3	34,0	33,1	33,8	36,8	37,9	35,1	35,6
D00 Min	25,1	23,4	23	25	23,6	26,9	26,02	24,1	24,7	26,3	26,4	25,6	26,4	23,86	26,4
Std. Grund	1,1	0,91	0,89	0,92	0,97	1,01	1,13	1,2	1,6	1,1	1,1	1,32	1,6	1,35	1,3
D01 Mean	16,4	12,8	16,1	14,5	14,6	15,1	15,2	13,7	15	14,1	15,9	15,6	15,	14,7	14,9
D01 Max	25,4	25,8	24,2	24,7	23,5	24,4	25,4	27,5	24,9	25,5	25,6	29,1	26,7	26	27,1
D01 Min	3,4	3,2	3,3	5,9	3,5	3,5	3,7	3,8	3,7	3,6	3,4	3,2	3,8	3,1	3,1
Std. Grund	0,88	0,96	0,87	0,91	0,94	1,24	0,98	1,12	1,1	0,95	1,03	1,24	0,88	1,0	0,96

Durch geringe Speichermöglichkeiten kühlen diese Oberflächen nach Sonnenuntergang zügig ab. Vegetationsfreie unversiegelte Flächen lassen das größte tägliche Temperaturintervall erkennen; das Potenzial solcher brachliegenden Flächen muss genutzt werden, um positive Modifikationen zu ermöglichen. Die maximalen Werte der täglichen Erwärmung erreichen in den Sommermonaten Temperaturen zwischen 36,8 °C (Gewerbe) und 26,9 °C (Wald). Sattgrüne Gras- und Rasenflächen gehören ganztägig zu den kältesten Teilen.

Die Standardabweichungen der Messungen sind in Gebieten mit hoher Materialvielfalt, eben durch diese Fülle an Materialien, sehr hoch, bei Wald und Grünflächen hingegen etwas niedriger ausgeprägt.

Bei fehlender Einstrahlung befinden sich warme Oberflächen meist am Boden, während die Abkühlungsflächen im Dachniveau liegen; zur Einstrahlungszeit kehrt sich diese Situation um.

Die gemittelten Oberflächentemperaturen der Abendmessungen zeigen Maximalwerte in Bereichen mit hohem Anteil wärmespeichender Bausubstanzen. Straßen und Plätze wirken gemeinsam mit Hauswänden als Wärmespeicher, sie akkumulieren Wärme und sind bei nachlassender Einstrahlung in der Lage diese wieder freizusetzen. Trotz intensiver Wärmeabgabe wird ein Teil der Energie gespeichert und bis zum Morgen sind diese Oberflächen als warme Flächen anschaulich ersichtlich. Baum- und Waldoberflächen zeigen ihre ausgleichende, dämpfende Wirkung auf die thermischen Bedingungen der Baukörper, dadurch dass sie bei Ausstrahlung relativ warm, bei Einstrahlung relativ kühl bleiben. Ihre tägliche Amplitude der Temperatur ist mit 2 – 3 Kelvin vergleichsweise gering.

Bedeutsam ist bei dieser Betrachtungsweise die Flächenausdehnung der jeweiligen Nutzungsklassen. Die Klasse *Verkehr* mit relativ hohen Temperaturwerten macht flächenmäßig lediglich einen Anteil von 5,4 % der bebauten Fläche aus, im Vergleich zur Klasse der *Gewerbeflächen*, die mit 14,2 % einen mehr als doppelt so großen Anteil besitzt. Thermal ausgleichende Flächen, wie Wälder und Grünareale, machen anteilig über 50 % der gesamten Grün- und Freiflächen aus (SenStadt, 2002, Abbildungen 4a und 4b).

Das thermale Verhalten in Verbindung mit der Flächenausdehnung ist entscheidend. Tabelle 10, eine Zusammenstellung der Abendmessungen, stellt die maximalen Temperaturunterschiede zu dieser Zeit zwischen 26,96 °C *(Stadtplatz)* und 12 °C *(Wald)* fest. Damit ist eine Differenz von mehr als 14 Kelvin zwischen

Vegetationsflächen und anthropogen geprägten Flächen nach Sonnenuntergang nachvollziehbar.

Die differenzierte Untersuchung der LST zeigt deutlich, dass die Temperatursituation am Tag relativ undifferenziert ist, da sich unversiegelte größere Flächen ebenso wie Dächer stark erwärmen.

Tabelle 10: Gemittelte Oberflächentemperaturen, abgeleitet aus den verwendeten ASTER- und Landsat-Satellitenmessungen am Abend (14.09.1991, 13.08.2000 und 26.10.2001) über verschiedene Nutzungsklassen

Satellitenszene	Wohngebiet	Wald	Waldgebiet	Grünland	Park, Grünfläche	Stadtplatz	Kleingärten	vegetationsfrei	Mischgebiet	Mischgebiet II	Kerngebiet	Gewerbe-Industrie	Gemeinbedarf	Ver-und Entsorgung	Verkehrsfläche
N91 Mean	11,8	11,8	11,4	9,4	12,2	12,9	11,5	11,6	12,9	12,3	13,4	12,1	12,4	12,5	12,2
N91 Max	15	15,1	15	12,2	15,2	15	14,8	14	15	14	14,9	13,4	14,5	15	15
N91 Min	7,2	8	7,5	6,6	8,6	9,9	8	8,2	10	9,5	11	7,4	7,8	9,7	7,6
Std. Grund	1,07	0,89	0,92	0,99	1,12	0,96	0,88	1,34	0,85	1,02	0,71	1,03	1,03	0,98	1,1
N00 Mean	18,4	14,1	12	12,4	15,3	19,05	16,3	15,4	17,7	17,7	17	15,3	16	16,3	15,4
N00 Max	22	14,6	14,8	13,9	18,8	26,96	16,5	15,9	27,03	24,93	23,48	19,8	17,72	20,14	20
N00 Min	14,7	9,9	8,7	7	12,7	17,5	10,6	9,9	18	15,9	15,9	12,3	11,5	13	13
Std. Grund	0,84	0,775	0,93	0,94	0,91	0,73	0,71	1,25	0,6	0,78	0,69	1,17	0,84	1,12	1,01
N01 Mean	8,1	7,6	7,8	6,4	7,39	7,2	7,5	6,8	7,1	7,94	7,6	7,5	7,3	7,4	7,3
N01 Max	13	17,9	16,3	12,8	13,4	15,7	13,5	12,8	15,7	14,8	15,6	13,5	14,1	12,4	14,3
N01 Min	4,2	3,2	3,4	3,6	3,1	3,3	3,6	3,1	3,2	3,1	3,2	3,6	3,1	3,6	3,1
Std. Grund	0,98	0,87	0,91	0,87	1,2	1,45	1,17	1,01	0,91	1,21	1,13	1,19	0,98	1,1	1,02

Nachts sind Temperaturmodifikationen innerhalb der Nutzungsklassen, durch Änderungen der Oberflächenarten in der näheren Umgebung bedingt. Die Temperaturen sind auch davon abhängig, wie viel und welche Grünflächen innerhalb des betrachteten Rasters liegen. Eine Veränderung der Oberflächenarten hat unmittelbare Auswirkungen auf das Temperaturverhalten in den betreffenden Arealen.
Temperaturamplituden im Vergleich der Jahreszeiten lassen ähnliche Aussagen zu, wie sie für Tabelle 8 in Kapitel IV.1.1 getroffen wurden. Es wird jedoch deutlich, dass die hohen Temperaturspannen während der Übergangsjahreszeiten, bedingt durch die Einbeziehung der Nutzungsklasse *Wasser,* für die zuvor genannten Nutzungsklassen nicht in vollem Umfang bestätigt werden können. Die Sommermonate zeigen die deutlich signifikantesten Unterschiede aufgrund der intensivsten Einstrahlungsverhältnisse innerhalb eines Jahres.

Grundsätzliche Aussagen zur thermischen Charakteristik der Flächennutzungstypen lässt Grafik 22 zu. Innerstädtische Bereiche mit hohem Anteil anthropogener Materialien können explizit in ihrem Temperaturverhalten von Flächen mit hohem Grünanteil abgegrenzt werden; das gilt sowohl für die Tag- als auch für die Nachtmessungen. Die Grafik illustriert anschaulich die Abweichung der LST ausgewählter Nutzungstypen vom Typ *Wald.* Die mittleren Oberflächentemperaturen der Nutzungsklassen aller analysierten Satellitenszenen sind dargestellt.
Maximale Abweichungen lassen Rückschlüsse auf maximale thermische Auswirkungen zu. Dies gilt insbesondere für Klassen mit großen Temperaturabweichungen für alle Szenen und damit zu allen Zeiten. Am markantesten stellen sich auch hier die Flächentypen *Stadtplatz, Wohngebiet und Mischgebiet* dar.
Wobei der *Stadtplatz* nur 0,3 % der gesamten bebauten Fläche ausmacht und in Bezug auf seine Ausdehnung damit eine sehr untergeordnete Rolle spielt.

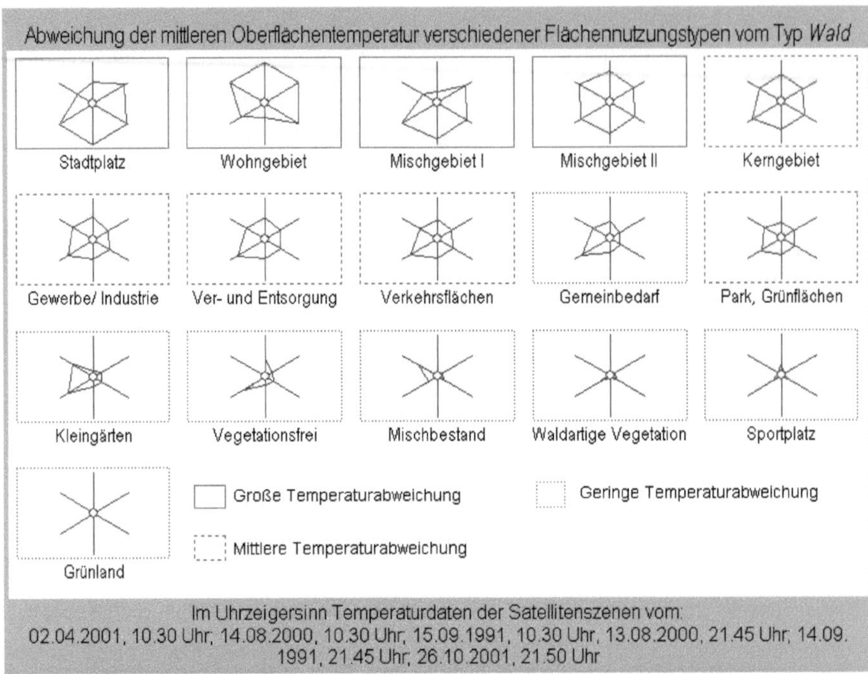

Abbildung 22: Abweichung der mittleren Oberflächentemperatur verschiedener Oberflächentemperaturen vom Typ *Wald* aller analysierten Satellitenszenen

Die Flächennutzungstypen *Mischgebiet I* und *II* nehmen gemeinsam nur eine Fläche von 5,7 % ein. Die geringsten Abweichungen vom Typ *Wald* zeigt der Nutzungstyp *Grünland* sowie die *waldartige Vegetation*. Grünflächen senken auf direktem Weg die Oberflächentemperaturen. Als Ergebnis der Analyse der Flächentypen in Abhängigkeit der Oberflächentemperaturen stellt sich der Typ *Wohngebiet*, mit einem Flächenanteil von über 50 % an der bebauten Fläche, als problematischste Nutzungsklasse dar – als die Klasse mit hohen Oberflächentemperaturen und der flächenmäßig größten Ausdehnung.

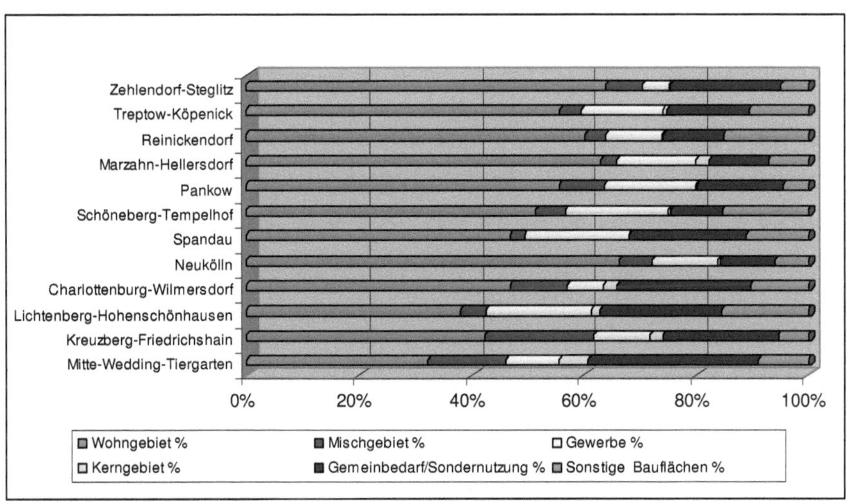

Abbildung 23: Nutzungsarten an bebauter Fläche im Bezirkvergleich, Quelle: SENSTADT 06.01 Reale Nutzung der bebauten Flächen / 06.02 Grün- und Freiflächenbestand (Ausgabe 2002)

Die Verteilung der Nutzungsarten der bebauten Flächen auf das Stadtgebiet lässt typische Strukturen erkennen, aus denen repräsentative thermale Verhaltensmuster innerhalb der Stadt resultieren.

Der Bezirk Mitte fällt durch eine ausgeprägte Zusammensetzung, bedingt durch seine zentrale Funktion, mit nur 32 % Wohnnutzung, aber 5 % Kerngebiets-, 14 % Mischgebietsnutzung und über 30 % Gemeinbedarfsstandorten besonders auf. Die marginalen Bezirke Zehlendorf-Steglitz und Treptow-Köpenick sind Bereiche mit überwiegender Wohnnutzung. In Pankow, Lichtenberg-Hohenschönhausen und Spandau ist die zusätzliche Nutzung von Gewerbeflächen offensichtlich.

Die Zuordnung der Bezirke mit hohen Temperaturen zu einem flächenmäßig großen Vorkommen der Strukturtypen *Mischgebiet, Kerngebiet* sowie *Gewerbe* kann bestätigt werden. Strukturtypen, die in Abbildung 22 als thermisch besonders belastet hervorgehen, decken sich mit den Bezirken, hoher Temperaturen, in denen diese Typen vorrangig vorhanden sind.

Die strukturellen Besonderheiten der Wohngebiete werden nachfolgend erläutert. Thermische Unterschiede sind beispielsweise zwischen Hinterhofbebauung und Reihengartenbebauung zu erwarten. Positive planerische Einflussnahme sollte vor allem in diesem Flächentyp angedacht werden. Misch- und Kerngebietsnutzungen sind vermehrt in den innerstädtischen Bezirken zu finden, in den Randgebieten ist die Nutzungsart *Kerngebiet* dagegen vernachlässigbar gering.

Die Beispiele zweier sehr unterschiedlich bebauter Bezirke zeigen die herausragende Bedeutung der Nutzungsklassen für eine thermische Betrachtung einer Satellitenaufnahme am Abend, nach Sonnenuntergang (vgl. Abbildung 24). Der Bezirk Zehlendorf ist ein typischer Marginalbezirk, mit einem Versiegelungsgrad von < 20 %, großen Waldflächen im Norden, aber zusätzlicher kompakter Wohnquote im südlichen Teil des Bezirkes. Der Citybezirk Berlin Mitte zeigt bezüglich der Verteilung und Existenz von Flächentypen eine davon abweichende Charakteristik. Mit einem Versiegelungsgrad von > 80 % und einer überwiegenden Nutzung durch Wohn- und Gemeinbedarfsflächen weist Mitte eine grundsätzlich andere effektive Nutzung auf. Die wesentlich inhomogenere Bebauung wird in Mitte sichtbar.
Waldflächen sind eindeutig mit ihrer ausgleichenden Wirkung als Bereiche mit relativ warmen Temperaturen belegt. Aufgrund des teilweise dichten Blätterdaches wird eine intensive Ein- und Ausstrahlung innerhalb der Wälder abgeschwächt. Im Bezirk Zehlendorf wird dies im Bereich der großen Waldflächen des Grunewaldes deutlich, der mit erkennbar erhöhten Temperaturen diese Tatsache dokumentiert. Gras- und größere Grünflächen ohne bzw. lockeren Baumbewuchs sind von dieser Tatsache ausgenommen. Hier erfolgt eine sehr rasche Abkühlung nach dem Ausbleiben der direkten Einstrahlung, niedrigste Temperaturen sind die Folge, deutlich im Bereich des Tiergartens – einer großen Parkanlage – im Süden des Bezirkes Mitte zu sehen ebenso wie im Volkspark Rehberge, im Südwesten des Bezirkes.
Zu beachten ist, dass in Zehlendorf Strukturtypen angesiedelt sind, die innerhalb des Bezirkes Mitte nicht vertreten sind. Dabei handelt es sich vor allem um natürliche Oberflächen und Wohnbauten mit Gartenanlagen und Reihengärten. Insbesondere diese Typen von Wohngebäuden schwächen die thermische Belastung ab. Andererseits existiert die Nutzungsklasse *Kerngebiet*, mit ihrer sehr kompakten Bebauung und überwiegender Nutzung durch Dienstleistungs- und Handelsunternehmen in Zehlendorf nicht.

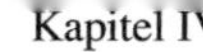

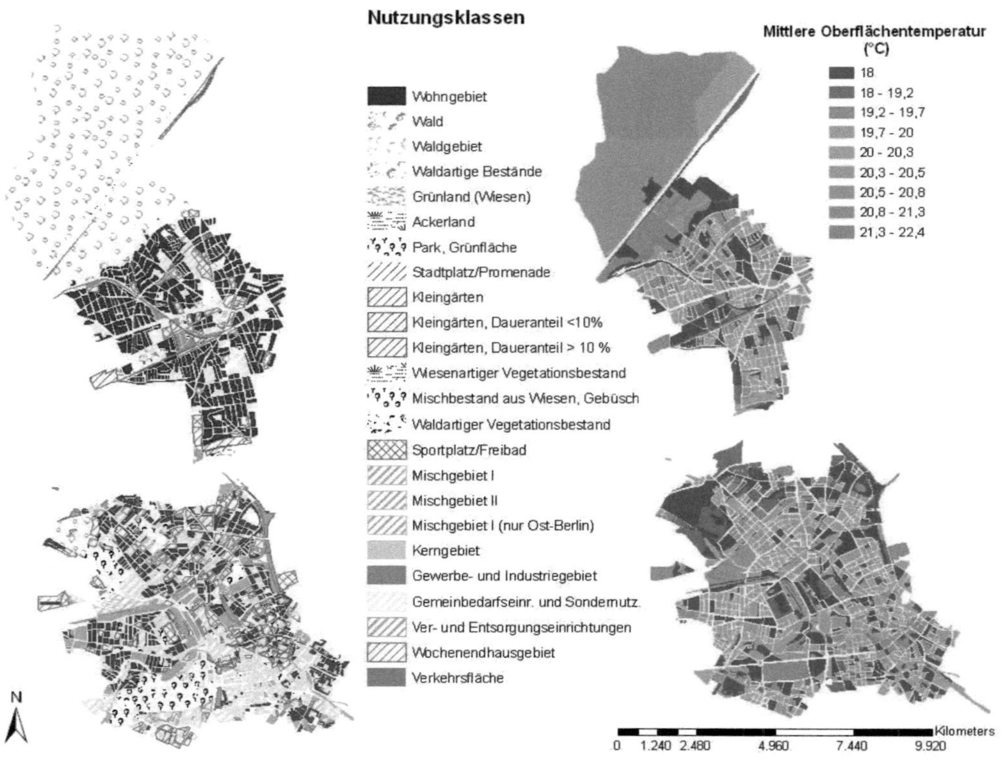

Abbildung 24: Vergleich gemittelter Oberflächentemperaturen der Bezirke Zehlendorf (oben) und Mitte (unten) und der dazugehörigen Nutzungsklassen, Datengrundlage ist die Satellitenszene vom 13.08.2000, 21.40 Uhr MEZ

In Mitte sind die Industrie- und Gewerbeflächen vor allem auf beiden Seiten der Spreearme durch rasche Erwärmung und daraus resultierende hohe Oberflächentemperaturwerte am Tag zu erfassen, am Abend hingegen aufgrund der großen Dachflächen durch niedrige Temperaturwerte erkennbar.
Ein unmittelbarer Zusammenhang zwischen der Landnutzung und den gemessenen Oberflächentemperaturen ist durch diese Abbildung auf einfache und anschauliche Weise dargestellt und somit unmittelbar nachvollziehbar. Die konkrete Wirkung einzelner Materialien wird in Kapitel IV.4 erläutert.

Die flächenmäßig umfangreichste Nutzungsklasse, bereits als thermisch markant eingestuft, wird im Folgenden betrachtet. Die Verteilung der Landoberflächentemperaturen für den Strukturtyp *Wohngebiet* (vgl. Abbildung 25) veranschaulicht deutlich erhöhte Temperaturen im Bereich der Innenstadt. Darüber hinaus auffallend sind hohe Werte für die Außenbezirke Spandau, Neukölln und Hohenschönhausen, die meist mit intensiver Bebauung und einem niedrigen Anteil an Gartenhäusern einhergehen.
Durch aufgelockerte niedrige Bebauung und unmittelbare Waldrandnähe kann ein Temperaturkontrast von bis zu 18 Kelvin innerhalb der Stadt bewirkt werden.
Niedrige Bebauung mit Gartenstruktur ist in den innerstädtischen Bezirken Mitte und Kreuzberg nicht existent, die damit verbundene Materialnutzung und Versiegelung der Blockbebauung ist ein Grund für die wesentlich höheren Temperaturen in der unmittelbaren Innenstadt, vgl. Kapitel IV.4 Im Bezirk Zehlendorf hingegen liegt der Anteil der niedrigen Bebauung bei über 80 %. Die Bezirke Lichtenberg und Hohenschönhausen verfügen beide über einen Anteil von mehr als 40 % an hoher Bebauung der Nachkriegszeit (SENSTADT 06.07). Grünflächen als Gärten im Wohnbereich zeigen am Stadtrand ihre Wirkung, sie verfügen über grundsätzlich geringere Temperaturen in diesen Bereichen.

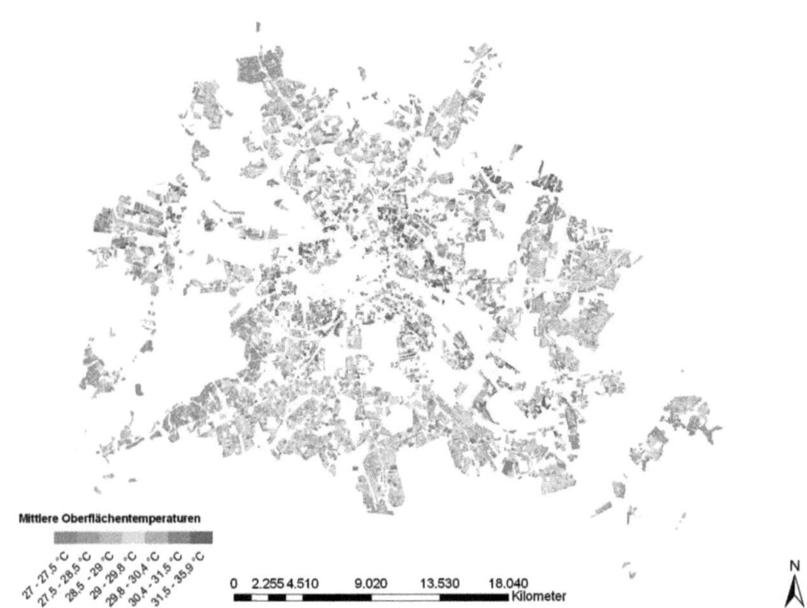

Abbildung 25: Räumliche Verteilung der Nutzungsklasse Wohngebiet, Grundlage bildet die ASTER Szene vom 14.08.2000, 10.30 Uhr MEZ

Es ist schwierig, Eingriffe in das natürliche, „bauwerksnahe" Klima (Mikro- und Mesoklima) quantitativ zu erfassen und die Wirkung einzelner Maßnahmen deutlich aufzuzeigen, da die gemessene Wärmestrahlung in den errichteten Baukonstruktionen in vielfältiger Weise ineinander greift.

Veränderung der Reflektionseigenschaften, Absorptionseigenschaften und Isolierungen haben nur kleine thermische Effekte, Veränderungen der strahlungsphysikalischen Daten der Bauteiloberflächen ermöglichen weiterreichende thermische Konsequenzen.

Anhand gewonnener Ergebnisse wurde Tabelle 11 als Übersicht erstellt. Die Differenzbildung verdeutlicht die Temperaturunterschiede zwischen den Vormittag- und Abendmessungen.

Auffällig hohe Differenzen erreichen Hinterhöfe und geschlossene Bebauungen. Diese Wohnungsarten sind hauptsächlich in der Innenstadt zu suchen. Kleinere Häuser mit angrenzenden Gartenanlagen besitzen ein deutlich geringeres thermisches Potenzial.

Die ungewöhnlich niedrigen Differenzen für Hochhäuser und Großsiedlungen begründen sich durch die Tatsache, dass in niedrig bebauten Gebieten der größte Teil der aktiven Oberfläche horizontal ist. Diese Oberflächen genießen am Tag nahezu direkte Sonneneinstrahlung und heizen sich während des Tages auf. Des Weiteren werfen kleine Gebäude kleinere Schatten und besitzen durch ihre geringere Masse eine kleinere Trägheit, ihre tägliche Erwärmung geht zügig voran (NICHOL, 1995). Hochhäuser besitzen ihre umfangreichsten Flächen im vertikalen Segment, durch auffällige Schattenbildung werden die Temperaturen der umgebenden Oberflächen abgeschwächt.

Tabelle 11: Übersicht über die Differenzen aus den Tag- und Abendmessungen der Landsat- und ASTER-Satellitenmessungen, D-Messungen am Tag, N-Messungen in der Nacht

Nutzungstypen	Differenz D91-N91	Differenz D00-N00	Differenz D01-N01
Offene Siedlungsbebauung	9,2	9,9	8,2
Geschlossener Hinterhof	8,8	10,5	7,5
Schuppenhof	8,6	10,0	8,2
Schmuck- und Gartenhof	8,4	9,97	7,4
Behutsame Sanierung	8,3	10,1	7,3
Großhof und Zeilenbebauung der 20er- und 30er-Jahre	8,2	9,4	7,1
Reihengarten	8,1	9,1	7,5
Zeilenbebauung der 20er- und 30er-Jahre	8,0	9,2	8,0
Garten	7,9	8,9	7,2
Hinterhof	7,9	9,6	8,2
Nachkriegsblockrand	7,6	9,3	6,9
Sanierung der Entkernung	7,6	9,3	6,5
Ungeordneter Wiederaufbau	7,6	9,1	6,7
Gärten und halbprivate Umgrünung	7,4	8,6	6,5
Parkartiger Garten	7,3	8,6	6,3
Plattenbausiedlung der 80er- und 90er-Jahre	7,2	8,5	6,8
Zeilenbebauung seit den 50er-Jahren	7,1	8,1	6,6
Dörfliche Bebauung	6,5	7,3	6
Hochhaus, Großsiedlung	6,5	7,7	5,8

Karten bzw. Daten der Landnutzung können ganz klar als ein erster Indikator zur Abschätzung der zu erwartenden Oberflächentemperaturen bzw. des thermischen Verhaltens genutzt werden. Wichtig ist, dass es sich dabei nur um eine erste

Abschätzung handeln darf. Die effektive räumliche Auflösung der Datenbank ist dabei entscheidend. Dass ausschließlich Satellitendaten dazu häufig nicht ausreichen, wird in Kapitel IV.4 und IV.5 gezeigt.
Die flächenhafte Interpretation in den vorangegangenen Kapiteln konnte durch eine nutzungsbezogene Analyse begründet und bestätigt werden.
Die vorgestellten Resultate, die Temperaturunterschiede während der Tag- und Nachtmessungen sowie innerhalb der Jahreszyklen, verdeutlichen die Notwendigkeit der Integration dieses klimatischen Wissens in die Stadtplanung. Dies sollte nicht nur die Verhältnisse in der Nacht, sondern auch am Tage einschließen, insbesondere zu Zeiten der *outdoor* Aktivitäten. Darüber hinaus ist es wichtig, die Informationen an die jeweiligen Situationen anzupassen. Modifikationen durch Jahreszeiten, Wetter und Tageszeiten sollten in die Planungen einfließen.

IV.2.2 Unter Verwendung der Merkmale des Versiegelungsgrades

Flächennutzungsstrukturen sind ihrerseits mit typischen Werten des Versiegelungsgrades verknüpft (MÜLLER, 1997). Eben diese Tatsache bildet die Grundlage des nachfolgenden Untersuchungskriteriums. Der Einfluss der Versiegelung erklärt sich vor allem aus der verminderten Verdunstung versiegelter Oberflächen. Verdunstung bewirkt einen ständigen Wärmetransport in die Atmosphäre. Durch Versiegelung wird der sogenannte Abflussbeiwert, das Verhältnis zwischen Abfluss und Niederschlag, stark herabgesetzt, das Niederschlagswasser fließt zum großen Teil und sehr rasch unterirdisch ab und kann nicht verdunsten. Des Weiteren ist die Zahl und Größe der Vegetationsflächen, die eine hohe Verdunstung aufweisen, vermindert. Verschiedene Nutzungen und Abdichtungen haben Einfluss auf die Wärmebilanz.
Städtische Baukörper speichern 30–50 % der Strahlungsbilanz und geben diese nachts im fühlbaren Wärmestrom wieder ab. Der Speicherterm ist in Städten 5–10-mal höher als im Umland (PARLOW, 1989). Anthropogene oder urbane Ökosyteme unterschieden sich im Wesentlichen dadurch, dass sie nicht mehr die Fähigkeit zur Selbstregulation besitzen, und dass das Wirkungsgefüge zwischen Umwelt, unbelebten und belebten Teilsystemen um die Komponente technischer Teilsysteme erweitert ist. Die Stabilität urbaner Ökosysteme ist somit von der Steuerung und der Energiezufuhr durch den Menschen abhängig (ERIKSEN, 1983). Versiegelungsgrad und -art werden als Indikatoren für eine Reihe stadtökologischer

Fragestellungen bereits seit den 1980er-Jahren systematisch in der Senatsverwaltung für Stadtentwicklung in Berlin eingesetzt (SCHNEIDER ET AL., 2007). Der Grad der Versiegelung wird unterschieden nach der Intensität der Bebauung von mäßig versiegelten Einfamilienhäusern, bis hin zu sehr stark versiegelter Blockbebauung. Unter Versiegelung wird eine mehr oder weniger vollständige Abdichtung der Oberflächen durch undurchlässige Stoffe verstanden, sodass ein Wasser- und Gasaustausch zwischen Boden und Atmosphäre nicht mehr stattfinden kann (WESSOLEK & REGNER, 1998).

Tabelle 12: Beschreibung der Versiegelungsstufen, (nach WESSOLEK & REGNER, 1998, verändert)

Versiegelungsgrad (%)	dazugehörige Flächencharakteristik
10–50	mäßige Versiegelung, Einfamilienhaussiedlungen, Kleingartenanlagen, Zeilenbebauung
45–75	mittlere Versiegelung, Blockrandbebauung, Nachkriegsbauten
70–90	starke Versiegelung, städtische Baugebiete mit Blockbebauung, ältere Industriegebiete
85–90	sehr starke Versiegelung, unzerstörte Blockbebauung der Innenstadt sowie jüngere Industriegebiete

Die vollständige Versiegelung tangiert die Flora und Fauna insofern, als dass ihre Lebensgrundlage zerstört wird. Die verbleibenden unversiegelten Bereiche der Stadt werden isoliert und entwickeln extreme, lokal spezifische Bedingungen. Als Ergebnis entsteht eine Modifikation der Tier- und Pflanzenspezies sowie eine Verlagerung des Spezienspektrums (WESSOLEK, 2007). Abbildungen 26 und 27 stellen beispielhaft drei verschieden stark versiegelte Bezirke und ihre mittleren Temperaturen dar.

Mittlere Oberflächentemperatur verschieden stark versiegelter Berliner Bezirke am 14.08.2000, 10.30 Uhr MEZ

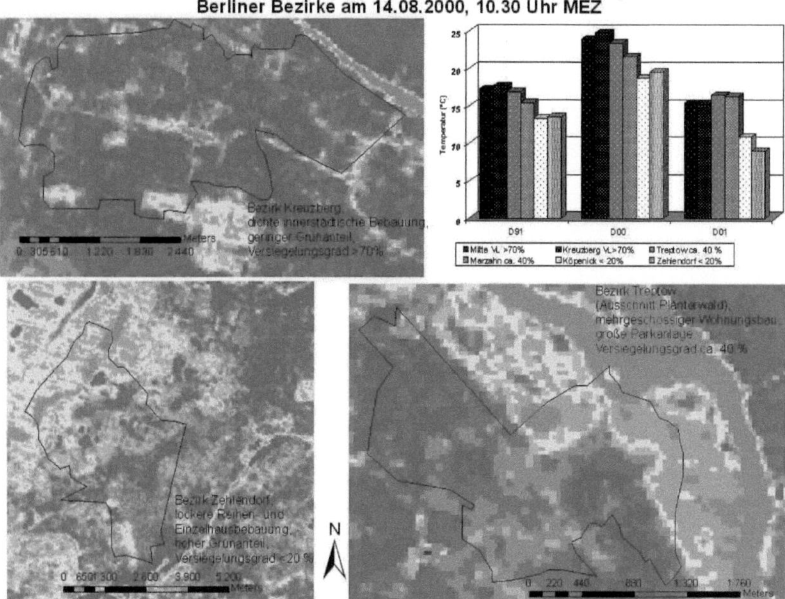

Abbildung 26: Darstellung des Einflusses des Versiegelungsgrades auf die Durchschnittstemperaturen am Tag, anhand verschieden stark versiegelter Berliner Bezirke, Datengrundlage für die Abbildungen bilden die Satellitenmessungen im Jahr 2000 (Sommer), für das Diagramm die Aufnahmen der Jahre 1991 und 2001

Der Bezirk Kreuzberg ist dabei der am stärksten bebaute Bezirk. Die Satellitenaufnahme von Kreuzberg veranschaulicht einen beträchtlichen Anteil an Flächen mit sehr hohen Temperaturwerten. Zehlendorf hingegen, mit einem Versiegelungsgrad von unter 20 %, das heißt mit mäßig versiegelten Einfamilienhäusern, hat große Flächen mit kühler Temperatur aufzuweisen.

Die Abbildung des Bezirkes Treptow andererseits lässt eindeutig den positiven Einfluss einer großen Parkanlage, mit deutlich abgesenkten Werten, innerhalb des Bezirkes feststellen.

Unabhängig von Tag und Nacht sowie den Jahreszeiten ist diese ausdrückliche Abhängigkeit vom Grad der Bebauung nachweisbar. Die beiden Diagramme (vgl. Abbildung 26 und 27) belegen eine eindeutige Zuordnung hoher Temperaturen zu höher versiegelten Bezirken. Tages- und Jahreszeiten zeigen ihren Einfluss in der Intensität der Temperaturunterschiede.

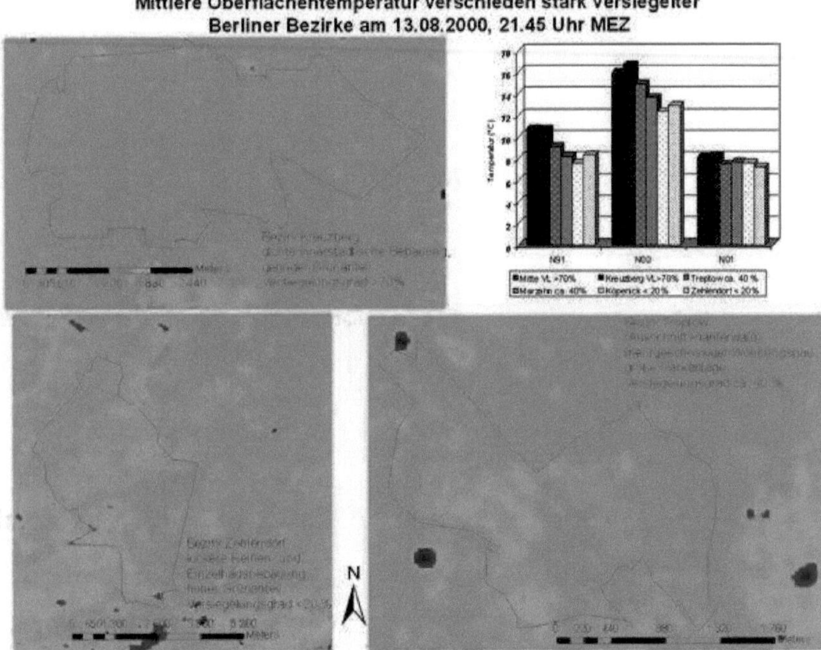

Abbildung 27: Darstellung des Einflusses des Versiegelungsgrades auf die Durchschnittstemperaturen am Abend, anhand verschieden stark versiegelter Berliner Bezirke, Datengrundlage für die Abbildungen bilden die Satellitenmessungen im Jahr 2000 (Sommer), für das Diagramm die Aufnahmen der Jahre 1991 und 2001

Der Einfluss der Grünflächen ist unumstritten, Grünflächen sind verantwortlich für eine offensichtliche Temperaturabsenkung in ihrem unmittelbaren Umfeld. Es besteht ein direkter Zusammenhang zwischen der Höhe des Versiegelungsgrades und der gemittelten Temperaturdifferenz beim Vergleich der Nutzungstypen *Grünanlage* und *Wohngebiet* (vgl. Abbildung 28). Die obere Kurve spiegelt den Temperaturverlauf innerhalb der Wohngebiete, aufgeschlüsselt nach dem entsprechenden Versiegelungsgrad des Bezirkes, in dem sich das Gebiet befindet, wider. Der untere Graf stellt den Verlauf der LST über Grünanlagen, anhand des Versiegelungsgrades im jeweiligen Bezirk dar. Der schraffierte Bereich zwischen beiden Kurven veranschaulicht die Temperaturdifferenz zwischen beiden Nutzungsklassen. Ein Eindruck maximal möglicher Temperaturschwankungen wird damit vermittelt. Deutlich wird dabei auch die Tatsache, dass mit zunehmender Verdichtung der Oberfläche die Temperaturdifferenz zwischen bebauten und unbebauten Flächen ansteigt. In diesen Gebieten ist die Notwendigkeit der Einflussnahme am größten – gleichzeitig am effektivsten.

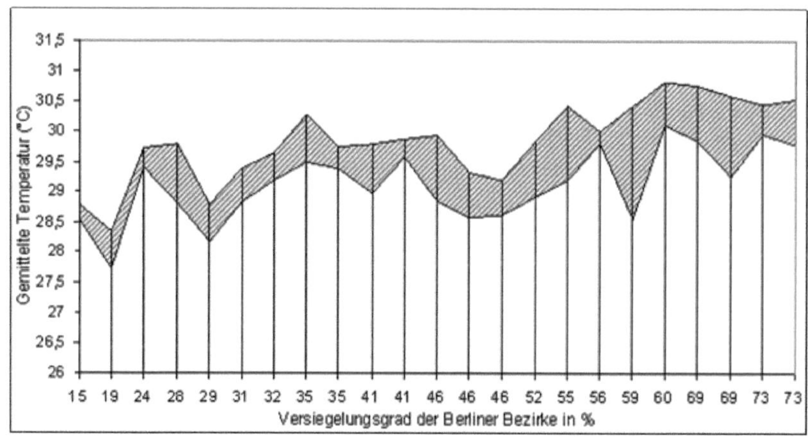

Abbildung 28: Veränderung der mittleren LST einer bebauten Fläche (Wohngebiet – obere Kurve) gegenüber einem begrünten Areal (Grünflächen – untere Kurve) in Abhängigkeit des Versiegelungsgrades, ermittelt aus Satellitendaten vom 13.08.1991, 21.45 Uhr MEZ

Um den Einfluss der Existenz von Grünanlagen zu veranschaulichen, visualisiert Abbildung 29 die Verteilung öffentlicher Grünflächen auf einzelne Bezirke.

Als öffentlich wurden solche Flächen eingestuft, die nach Einschätzung der Grünflächenämter in deren Zuständigkeitsbereich bleiben und darüber hinaus einen öffentlichen Charakter aufweisen. In die Bestandsanalyse wurden alle vorhandenen Parkanlagen und Stadtplätze, aber auch Flächen innerhalb der großzügig durchgrünten Neubaugebiete, z.B. entlang der sogenannten Versorgungsachsen oder innerhalb eines großen Wohnhofs, einbezogen, die eine zusammenhängende Fläche von mehr als 1 ha aufweisen und allgemein zugänglich sind.

Freiräume für die wohnungsnahe Erholung müssen eine Mindestgröße von 0,5 ha aufweisen, um die typenspezifische Nutzung zu ermöglichen. Bei Grünanlagen, die von Straßen zerschnitten werden und für die Größenangaben der einzelnen Teilflächen fehlen, werden die Freiräume nur dann berücksichtigt, wenn eine der Teilflächen größer als 0,5 ha ist, (SENSTADT, 2004).

Im Gegensatz zur Versiegelung ist keine eindeutige Korrelation hoher Oberflächentemperaturen zur Existenz großer Grünflächenausdehnungen in den einzelnen Distrikten ersichtlich. Sicherlich sind die Durchschnittstemperaturen in Bezirken mit sehr ausgedehnten Grünflächen niedriger.

Bei kleinen (unter 200.000 m²) und mittelgroßen (bis 600.000 m²) wohnungsnahen Grünflächen kann kein signifikanter Zusammenhang zwischen Temperatur und Größe der vorhandenen Grünfläche verifiziert werden. Zusammenfassend kann bemerkt werden, dass die Betrachtung des Versiegelungsgrades ein signifikanterer Indikator zur Bemessung des thermischen Verhaltens ist, als die Existenz von wohnungsnahen Grünflächen.

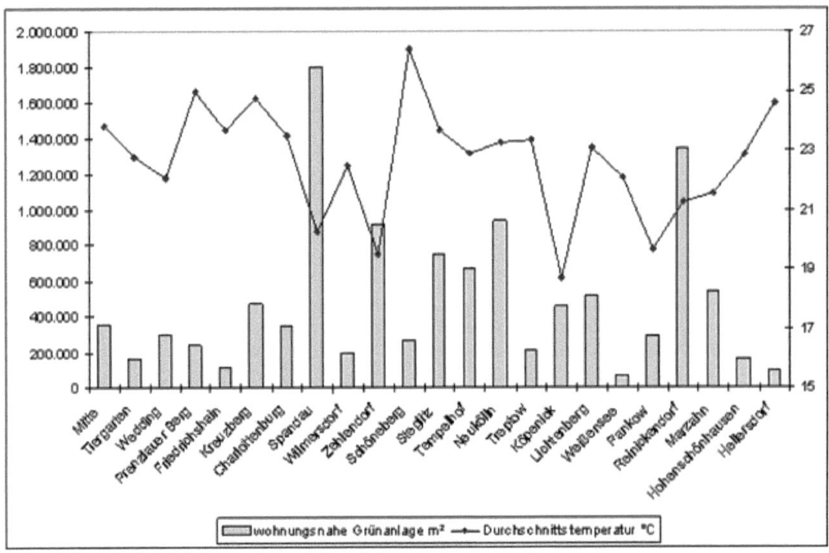

Abbildung 29: Versorgungsanalyse nach Einzugsbereichen für wohnungsnahe Freiräume (PLANTAGE, 1992), Temperaturwerte beispielhaft aus den Landsat-Satellitendaten vom 13.08.2000, 21.45 Uhr MEZ

Auf dem Weg hin zur thermischen Bewertung einzelner Materialien im Mikromaßstabsbereich erfolgt im nächsten Abschnitt eine Einteilung der Materialien in verschiedene Belastungsstufen.

IV.3 Thermisch stark belastete Gebiete

Im Folgenden werden thermisch besonders belastete Bereiche präziser erörtert. Da der Bebauungsgrad eine exakt ermittelbare Größe ist, sind tendenziell die Angaben des Versiegelungsgrades umso genauer, je höher der Anteil der bebauten Fläche ist (Senstadt 01.02., 2004). Um eine Unterscheidung der versiegelten Flächen bezüglich ihrer Auswirkungen auf den Naturhaushalt, auf der Grundlage der Existenz ihrer Bebauung, ihrer Intensität und Höhe zu ermöglichen, werden diese Gebiete in

Belagsklassen unterschieden. Nicht alle anthropogen geprägten Oberflächen besitzen gleiche Verhaltensweisen, besonders bei der Betrachtung der Niederschlagsversickerung und Verdunstung stellen sich markante Unterschiede heraus. Beton-Rasen-Mosaikflächen gewährleisten eine ständige Versickerung, bei vollständig asphaltierten Flächen ist dieser Mechanismus gestört.

Genannte Unterschiede wiederum modifizieren in erheblichem Umfang die Oberflächentemperaturen innerhalb einer Stadt. Die daraus resultierenden Einflüsse auf das Meso- und Mikroklima begründen die Einteilung der Oberflächen in Tabelle 13, aus der Übersicht resultiert eine bessere Differenzierbarkeit der versiegelten Bereiche.

Tabelle 13: Übersicht der Belagsklassen im Digitalen Umweltatlas (01.02. Versiegelung, SENSTADT 2004)

Belagsklasse	**Einschätzung der Auswirkung auf den Naturhaushalt**	**Belagarten**
1	Extrem	Asphalt, Beton, Pflaster mit Fugenverguss oder Betonunterbau, Kunststoffbeläge
2	Hoch	Kunststein- und Plattenbeläge (Kantenlänge > 8 cm), Betonverbundpflaster, Klinker, Mittel- und Großpflaster
3	Mittel	Klein- und Mosaikpflaster (Kantenlänge < 8 cm)
4	Gering	Rasengitter, wassergebundene Decke (z.B. Schlacke, Kies-, Tennenfläche), Schotterrasen

Abbildungen 30–33 demonstrieren den jeweiligen Anteil einer der vier Belagsklassen im Verhältnis zum festgestellten Versiegelungsgrad auf anschauliche Weise. Die dargestellten Flächennutzungsklassen sind unmittelbar mit bestimmten Materialien und damit einhergehenden Versiegelungsstufen verbunden.

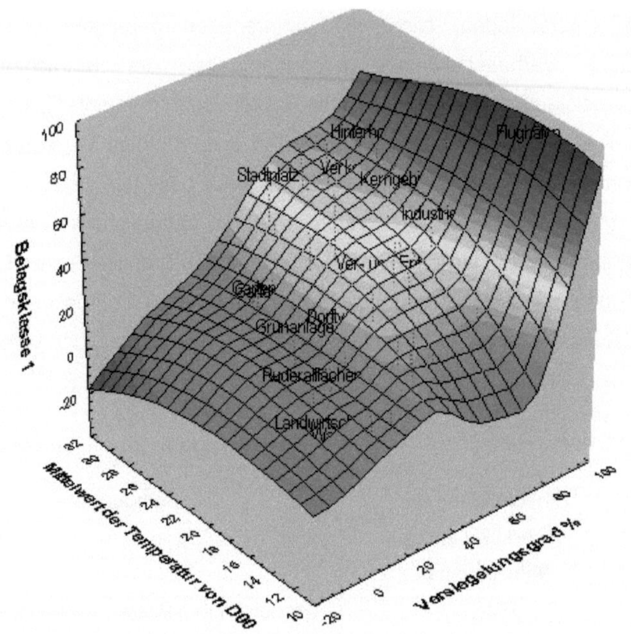

Abbildung 30: 3-D Flächenplot für die Belagsklasse 1, Distanz-gewichtete kleinste Quadrate unter Angabe der Belagsklassen der Oberflächen, der Versiegelungsgrade der Oberflächen und der gemittelten Oberflächentemperaturen der Satellitenmessung vom 14.08.2000

Belagsklasse 1 (Abbildung 30), mit extremen Auswirkungen auf den Naturhaushalt, mit fast vollständig versiegelten Oberflächen, beinhaltet vor allem sehr wärmespeicherungsintensive Materialien wie Beton und Asphalt. Nutzungstypen wie *Industriegebiete* und vor allem *Flughäfen* gehören dazu. Aber auch *Wohngebietsflächen*, wie geschlossene Hinterhöfe und Sanierungsflächen, werden dieser Belagsklasse zugeordnet. Ein hoher Anteil dieser Klasse ist unmittelbar mit einem hohen Versiegelungsgrad in Verbindung zu bringen. Es ist nicht möglich, diese Belagsklasse auf bestimmte Temperaturwerte einzugrenzen. Alle Temperaturbereiche werden abgedeckt.

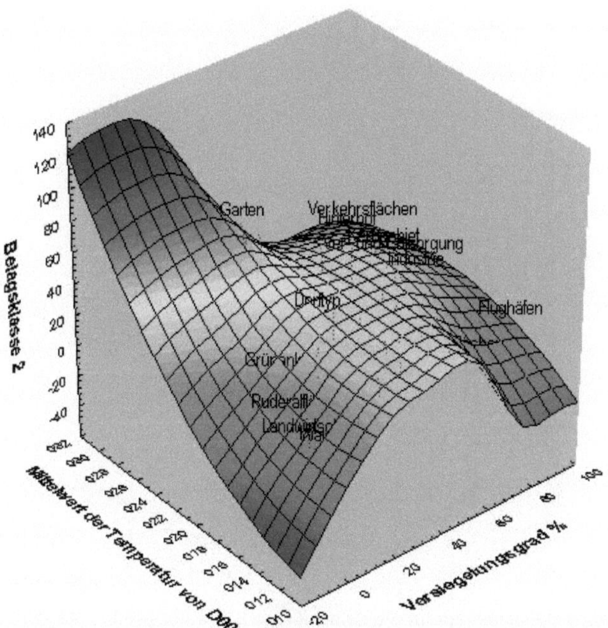

Abbildung 31: 3-D Flächenplot für die Belagsklasse 2, Distanz-gewichtete kleinste Quadrate unter Angabe der Belagsklassen der Oberflächen, der Versiegelungsgrade der Oberflächen und der gemittelten Oberflächentemperaturen der Satellitenmessung vom 14.08.2000

Die Belagsklasse 2 (Abbildung 31), mit einem hohen Einfluss auf den Naturhaushalt, setzt sich zusammen aus Materialien wie Verbundpflaster und Klinker. Infolgedessen ist das Kontingent an Gebäuden in dieser Klasse sehr hoch, es zählen insbesondere versiegelte Flächen mit Bebauung dazu, mit gemeinnützigen Einrichtungen, wie Seniorenheime und Jugendfreizeiteinrichtungen, aber natürlich auch offene Siedlungsbebauung, Großsiedlungen und Reihengartentypen, die meist mit ebendiesen Materialien errichtet werden. Für diese Belagsklasse ist als Einzige eine eindeutige Zuordnung von einem hohen Aufkommen dieser Klasse im Bereich hoher Temperaturwerte gegeben. Speziell in diesen Arealen wäre eine Einflussnahme bezüglich der thermischen Gegebenheiten sinnvoll und effektiv.

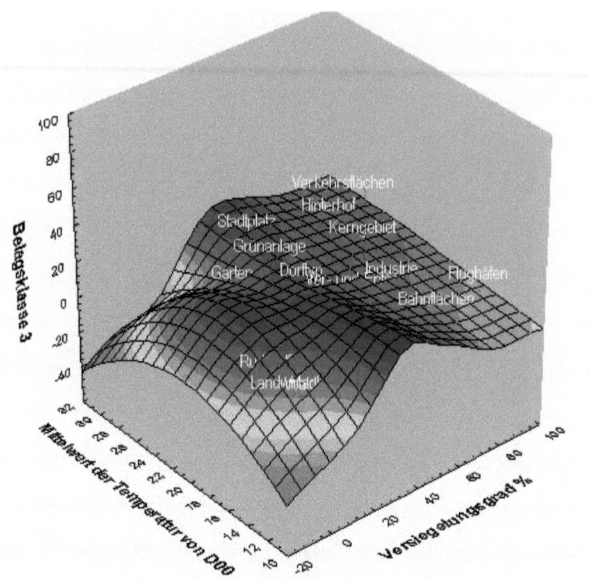

Abbildung 32: 3-D Flächenplot für die Belagsklasse 3, Distanz-gewichtete kleinste Quadrate unter Angabe der Belagsklassen der Oberflächen, der Versiegelungsgrade der Oberflächen und der gemittelten Oberflächentemperaturen der Satellitenmessung vom 14.08.2000

Plot 32 illustriert sehr eindrucksvoll, dass die Belagsklasse 3 annähernd in jeder Flächennutzungsklasse vertreten ist. In sämtliche Versiegelungsstufen ist diese Klasse gleichermaßen involviert, sowie sie weiterhin alle dargestellten Temperaturbereiche abdeckt. Gepflasterte Gehwege ziehen sich beispielsweise durch das gesamte Stadtgebiet, an zahlreiche Verkehrsflächen sind ebensolche Materialien angeschlossen. Eine relativ einheitliche Verteilung dieser Klasse und die damit einhergehende Beeinflussung auf den Naturhaushalt über das gesamte Stadtgebiet kann bildhaft gezeigt werden. Veränderungen innerhalb dieser Klasse würden Einfluss auf alle Nutzungsklassen und ihre klimatischen Einflüsse zeigen.

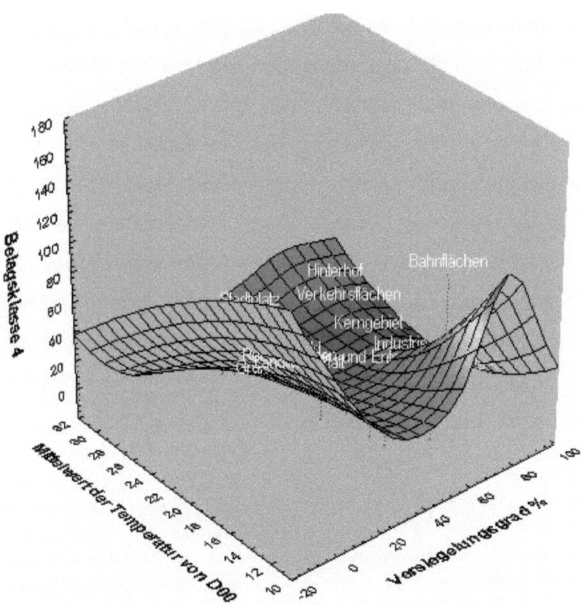

Abbildung 33: 3-D Flächenplot für die Belagsklasse 4, Distanz-gewichtete kleinste Quadrate unter Angabe der Belagsklassen der Oberflächen, der Versiegelungsgrade der Oberflächen und der gemittelten Oberflächentemperaturen der Satellitenmessung vom 14.08.2000

Die vollständige Versiegelung ist in Klasse 4 (Abbildung 33) unterbrochen durch Rasenstreifen, es sind ganze Wege mit Schotter bedeckt, wodurch die natürlichen Versickerungs- und Verdunstungsprozesse in Annäherung erhalten bleiben.

Bei größeren Flächen natürlicher Materialien, wie in Gebieten von Parkanlagen und Grünflächen, herrscht ein natürlicher Abfluss- und Versickerungsmechanismus. Eine größere Biomasse, ein geringerer Wärmeeindringkoeffizient, große natürliche Oberflächen (Blätterdach) und die natürlichen Böden fungieren hier als Wasserspeicher. Daraus resultiert, durch ein größeres Sättigungsdefizit, eine erhöhte Evatranspiration und damit ein erhöhter turbulent latenter Wärmestrom (siehe II.2.1.1). Die zugeführte Energie kann so nur eingeschränkt zur Erhöhung der Oberflächentemperatur beitragen. Deutlich zu erkennen ist der beträchtliche Anteil dieser Belagsklasse an Oberflächen mit niedrigen Temperaturen, wobei keine Einschränkung auf eine bestimmte Versiegelungsstufe erfolgen kann.

Anhand von drei Beispielen werden nachfolgend die zuvor genannten Auswirkungen der Belagsklassen auf das Temperaturverhalten dargelegt. In den Darstellungen der

Satellitenaufnahmen sind die relevanten Blöcke jeweils farblich markiert, zur Verdeutlichung sind Fotos der entsprechenden Blöcke in die Abbildungen integriert. Der Block der Ein- und Mehrfamilienhäuser mit zugehörigen Gartengrundstücken liegt im Ortsteil Frohnau, im nördlichen Teil des Bezirkes Reinickendorf. Bäume verdecken die Gebäude größtenteils, sodass Messungen von Satelliten nicht alle Ebenen erfassen können. Belagsklasse 2 und insbesondere die Klassen 3 und 4 sind in diesem Beispiel erkennbar. Die Satellitenszene vom 15.09.2000 zeigt für den markierten Block niedrige Temperaturen, als Konsequenz der gering versiegelten Flächen mit eingebetteter Vegetation und damit guten Möglichkeiten der Versickerung und Verdunstung ebenso wie eine verminderte Ein- und Ausstrahlung angesichts des hohen Baumbestandes.

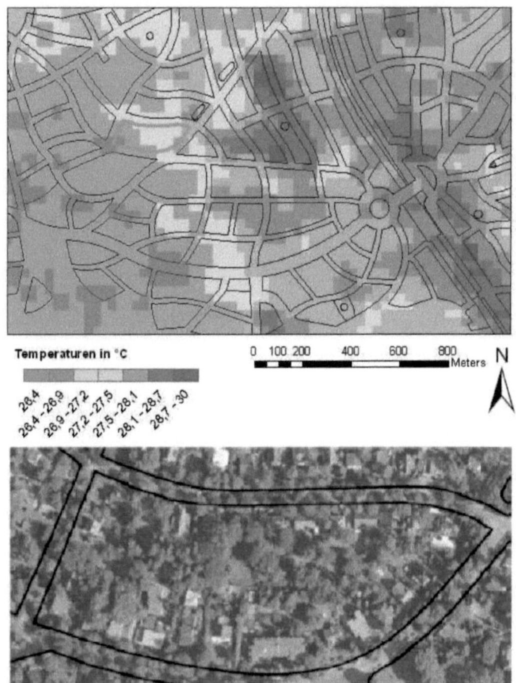

Abbildung 34: Ein- und Mehrfamilienhäuser, Luftbild (SENSTADT 2004) mit zusätzlichen Temperaturen aus dem Satellitenbild vom 15.09.2000, 10.30 Uhr MEZ, Frohnau

Abbildung 35 *(Gewerbegebiet)* zeigt einen Block, der zu mehr als 50 % bebaut ist und fast ausschließlich gewerblich genutzt wird. Versiegelung in diesem Fall bedeutet, vornehmlich Oberflächen der Belagsklasse 1 und 2 – Asphalt und Beton – sowie Pflasterbeläge mit extremen und hohen Auswirkungen auf den Naturhaushalt. Der abgebildete Block befindet sich im Bezirk Lichtenberg. Belagsklassen 3 und 4 sind im Segment des Gewerbegebietes nahezu nicht existent. Sehr deutlich ist der typische „Dächerblick" der Satellitensensoren für dieses Beispiel zu erkennen.

Der im Ortsteil Moabit, im Großbezirk Mitte befindliche Flächentyp *Hinterhof* ist überwiegend durch geschlossene, fünfgeschossige Blockbebauung definiert, die zwischen 1870 und 1918 entstanden ist. Altbauten mit Seiten- und Querflügeln in Wohngebieten, zu denen noch Einrichtungen des Gemeinbedarfs, daneben auch Gewerbebauten zählen.

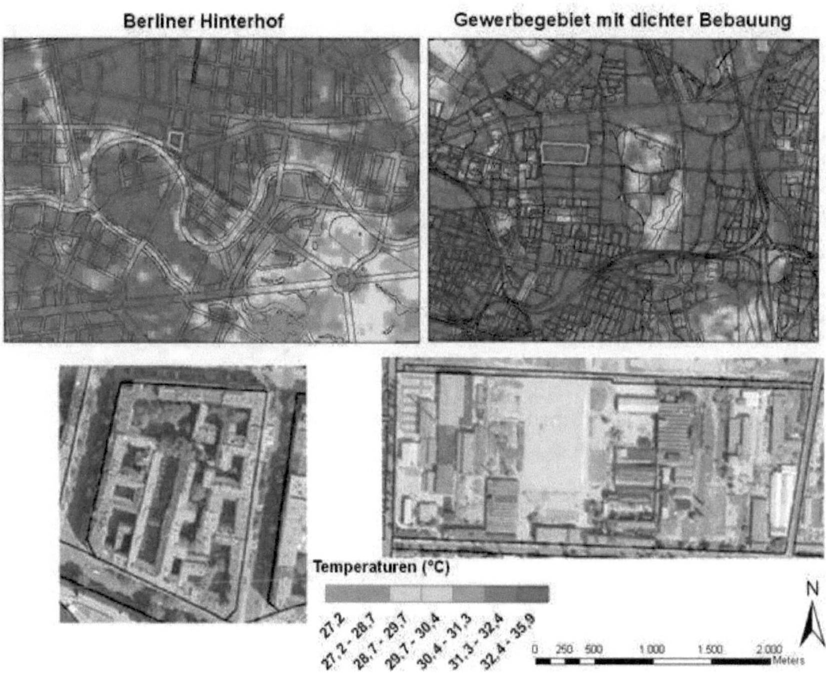

Abbildung 35: Ein Berliner Gewebegebiet und ein Hinterhof, Luftbild (SENSTADT 2004) mit zusätzlichen Temperaturen aus dem Satellitenbild vom 15.09.2000, 10.30 Uhr

Hinterhöfe sind oft mit alten Bäumen, gepflasterten Wegen und begrünten Schmuckbeeten ausgestattet. Seit 1950 werden Blockinnenräume zunehmend mit neuen Häusern aufgefüllt. Die alten Baumbestände bleiben dabei meist erhalten

(SENSTADT 2005b). Die von Bäumen bedeckten Bereiche in den Hinterhöfen können von den Sensoren kaum erfasst werden.
Schmuckbeete und Wege sind häufig minimalistisch gehalten und besitzen daher nur einen geringen abschwächenden Einfluss. Hoch und mittel belastende Materialien, wie Pflaster und Schotter, überwiegen deutlich gegenüber der Belagsklasse 1. Die Oberflächentemperaturen in diesem Blockabschnitt liegen damit knapp über 30 °C. Das Gewerbegebiet erreicht um bis zu 10 Kelvin höhere Temperaturwerte im Vergleich zum betrachteten Beispielblock mit Einfamilienhäusern in Frohnau.
Für den Berliner Hinterhof wird durch Verschattung und minimale Vegetation eine Temperaturabsenkung im Vergleich zum thermisch extrem belasteten Gewerbegebiet von bis zu 4 Kelvin erreicht.

IV.3.1 Validierung der Ergebnisse

Unter Zuhilfenahme der Kreuzvalidierung wird der Einfluss jedes einzelnen Datensatzes untersucht. Korrelationsbetrachtungen ermitteln den Grad der Stärke der Abhängigkeit zwischen zwei Variablen. Aufgrund der zeitlich unterschiedlichen Aufnahmen muss von einer Abweichung in größerem Umfang für die Korrelation der Daten aus den Jahren 1991 und 2000 zu den Daten aus dem Jahr 2001 ausgegangen werden. Bei einer deutlichen Abweichung muss in Betracht gezogen werden, dass bei Einbeziehung dieser Daten ein inkonsistentes Ergebnis erzielt werden würde.

Tabelle 14: Korrelationsmatrix der mittleren Landoberflächentemperaturen der Berliner Bezirke, markierte Korrelation signifikant p<0,05000, N23

	Tag 1991	**Nacht 1991**	**Tag 2000**	**Nacht 2000**	**Tag 2001**	**Nacht 2001**
Tag 1991	1,00	-0,55	0,72	-0,31	0,42	-0,43
Nacht 1991	-0,55	1,00	-0,11	0,87	-0,19	0,65
Tag 2000	0,72	0,14	1,00	0,14	0,44	-0,11
Nacht 2000	-0,31	0,87	0,14	1,00	-0,19	0,55
Tag 2001	0,42	-0,19	0,44	-0,09	1,00	-0,04
Nacht 2001	-0,43	0,65	-0,11	0,55	-0,04	1,00

Eine statistische Analyse der mittleren Landoberflächentemperaturen aller analysierten Satellitenszenen zeigt, dass die Szenen am Tag und am Abend jeweils gut miteinander korrelieren. Zwischen den Tag- und Nachtszenen ist das häufig nicht der Fall, da unabhängige Informationen über das thermale Verhalten an der Erdoberfläche gesendet werden. Die stärkste Korrelation ist zwischen den Sommerszenen feststellbar. Aufgrund der unterschiedlichen thermischen Verhaltensweisen in den Übergangsjahreszeiten ist in diesen Fällen die Korrelation wesentlich niedriger. Sehr deutlich wird dies für die Betrachtung der Korrelation aller Nutzungsklassen zu den jeweiligen Messzeitpunkten. Die in Tabelle 15 dargestellte Korrelationsmatrix zeigt eine signifikante bis hoch signifikante Korrelation der einzelnen Nutzungsklassen, mit Ausnahme der Übergangsjahreszeiten.

Tabelle 15: Korrelationsmatrix der mittleren Landoberflächentemperaturen aller Nutzungsklassen, Satellitenszenen, markierte Korrelation signifikant p<0,05000, N23

	Tag 1991	**Nacht 1991**	**Tag 2000**	**Nacht 2000**	**Tag 2001**	**Nacht 2001**
Tag 1991	1,00	0,69	1,00	0,99	0,63	0,59
Nacht 1991	0,69	1,00	0,70	0,75	0,54	0,79
Tag 2000	1,00	0,70	1,00	0,99	0,63	0,59
Nacht 2000	0,99	0,70	0,99	1,00	0,60	0,60
Tag 2001	0,63	0,54	0,63	0,60	1,00	0,46
Nacht 2001	0,59	0,79	0,59	0,60	0,46	1,00

Erwartungsgemäß liefern die Korrelationskoeffizienten der Temperaturen mit der Versiegelung der Bezirke statistisch gesicherte Aussagen. Die Regressionsgleichungen für den Zusammenhang der Temperatur der einzelnen analysierten Satellitenszenen und dem Versiegelungsgrad der zugeordneten Flächen lauten:

Tag 1991	Y = -0,1657x + 18,135	$R^2 = 0,663$
Nacht 1991	Y = -0,1466x + 11,075	$R^2 = 0,767$
Tag 2000	Y = -0,2211x + 25,311	$R^2 = 0,640$
Nacht 2000	Y = -0,1746x + 16,917	$R^2 = 0,713$
Tag 2001	Y = -0,3303x + 18,584	$R^2 = 0,821$
Nacht 2001	Y = -0,0779x + 8,0866	$R^2 = 0,980$

Die Korrelation ist in der Nacht aufgrund der mehrfach begründeten Indifferenz der Temperaturen am Tag größer. Je 10 % Anstieg des Versiegelungsgrades erhöht sich die Temperatur um 0,7 Grad am Tag und um 0,67 Grad in der Nacht. Die Existenz solcher gesicherten Korrelationen kann zur Abschätzung und Planung von Eingriffen führen.

Anhand dieser Erkenntnisse kann das thermische Ranking der Bezirke (vgl. IV.2, Abbildung 20 und 21), durch das vermehrte Vorkommen besonders belasteter Nutzungsklassen und die Höhe des Versiegelungsgrades, bestätigt werden. Damit profitieren eindeutig mäßig versiegelte Bezirke mit großen Grün- und Waldflächen. Diese Zuordnung führt nicht grundsätzlich zu einer Unterscheidung in Außenbezirke und innerstädtische Distrikte, da die stärker belastenden Belagsklassen und Materialien auch in Randbezirken wie Spandau und Pankow in hohem Maße vorhanden sind.
Die Bezirke Kreuzberg, Mitte und Prenzlauer Berg weisen auch in Abhängigkeit der prozentual versiegelten Flächen die höchsten Werte auf. Bezirke mit großen Waldflächen und Grünflächen und damit einhergehend einem geringeren Versiegelungsgrad, wie Zehlendorf zeigen deutlich niedrigere Temperaturwerte.

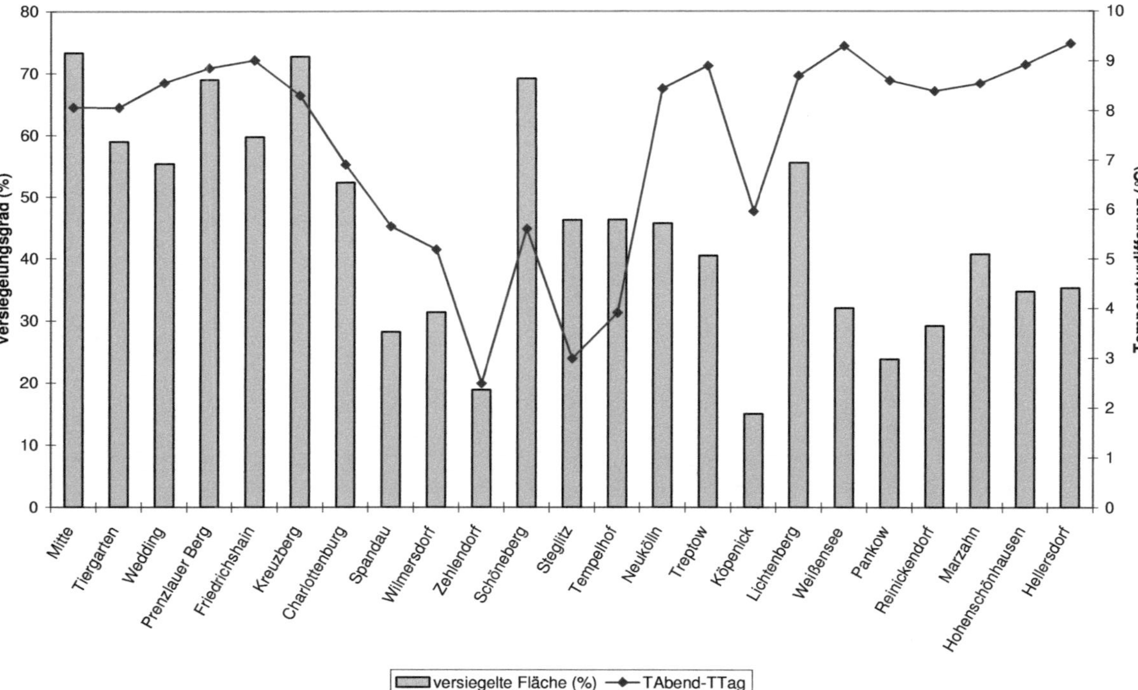

Abbildung 36: Prozentsatz der versiegelten Fläche der Berliner Bezirke und die zugehörige gemittelte Temperaturdifferenz für Landsat Satellitenmessungen am 13. und 14.08.2000

IV.4 Fallbeispiel Berlin Mitte

Während viele Studien die Temperaturvariationen in urbanen Gebieten ausschließlich durch die Nutzung hochauflösender Satellitenbilder erfassen (ELIASSON, 1992, QUATTROCHI & RIDD, 1998), werden bei dieser Arbeit die Techniken der Boden-Infrarotthermographie hinzugezogen. Diese Methode ermöglicht die Quantifizierung der durch die Auswertung der Satellitendaten erfassten thermalen Variationen. Diese Technik kann komplikationslos für andere Städte übernommen werden. Für Messungen mit der Thermalbildkamera wurden Materialien ausgewählt, die repräsentativ für das gesamte Stadtbild sind; Materialien, die in typischen städtischen Baukörpern Verwendung finden wie Betonsteine, Ziegelsteine, Asphalt, Beton etc. wurden ebenso untersucht wie diverse typische natürliche Materialien innerhalb des urbanen Umfeldes. Anhang II listet alle Flächen, die mit der Thermalbildkamera betrachtet wurden, unter Angabe der untersuchten Materialien auf. Um den angegebenen Fehlerbereich der Kamera verifizieren zu können, wurden Vergleichsmessungen mit einem Infrarotpyrometer vorgenommen.
Das Untersuchungsgebiet (vgl. Abbildung 2, schwarz markiert) liegt im dicht bebauten Bereich des Berliner Bezirkes Mitte. Die Messungen erfolgen direkt vor Ort durch Feldbegehungen. Wichtig ist dabei anzumerken, dass keine Untersuchungen an gesonderten Untersuchungsstandorten stattfinden, sondern direkt dort, wo sie im Stadtbild den thermalen Einflüssen ausgesetzt sind.
Die Notwendigkeit solcher kleinskaligen Untersuchungen wurde bereits früh erkannt, die Umsetzung kam allerdings nur schleppend voran.

LANDSBERG (1981) war einer der ersten Wissenschaftler, der mit amerikanischen Architekten ins Gespräch kam. Ein Gebäude muss verschiedenen Bedingungen, Sturm, Regen, Hitze und Kälte usw. trotzen können, die mit der Jahres- und Tageszeit und dem Wetter rasch wechseln können. Die Orientierung der Bauten wird fast überall durch den Bebauungsplan vorgegeben. So kann meist nur Einfluss auf die Wahl der geeigneten Baustoffe ausgeübt werden. Je schwerer ein Baustoff ist, desto mehr Wärme kann er speichern. Schon beim Bau muss auf eine geeignete Wahl der Materialien geachtet werden. Ein wichtiges Kriterium bei der Auswahl der verwendeten Baustoffe ist das thermische Verhalten der Baumaterialien. Ebendieses wird nachfolgend detailliert untersucht. Material- und Umweltparameter wirken sowohl gleichzeitig und unabhängig voneinander, als auch gleich- oder gegensinnig.

Umweltfaktoren sind schwer kontrollierbar und kaum durch Modellberechnungen reproduzierbar. Oberflächenmaterialien sind ein entscheidender Schlüsselparameter, auf den eingewirkt werden kann, und der in Maßen veränderbar ist.

IV.4.1 Analyse des thermischen Verhaltens der gemessenen Oberflächenmaterialien

Bereits der tageszeitliche Verlauf des Temperaturverhaltens zweier völlig unterschiedlicher Materialien zeigt, dass pauschale Temperaturbewertungen wie „warm" und „kalt" gegenüber dem jeweils anderen Material kaum möglich sind. Es muss immer einen Bezug auf die Tageszeit oder Ähnliches geben (GEBHARDT, 1981). Es ist möglich, dass im Tagesverlauf zwischen verschiedenen Materialien keine Temperaturunterschiede gemessen werden können, nachts allerdings bei fehlender Globalstrahlung spürbare Differenzen feststellbar sind.
Allgemein bewiesen ist, dass Oberflächentemperaturen im Tagesverlauf, sowohl bei Grünflächen als auch in Baukörpern, stärker variieren als die entsprechenden bodennahen Lufttemperaturen (WILMERS, 1991). Die größten Differenzen werden auch am Tag zwischen besonnten und beschatteten Flächen gemessen.

Eine konkrete Übersicht über die Ergebnisse der Thermalbildkameramessungen wird in Tabelle 16 gegeben. Dargestellt werden Mittelwerte aller Messungen, die im Juli 2006 durchgeführt worden sind. Aufgrund einer sehr stabilen Wetterlage konnten in diesem Monat Messungen an 18 Tagen erfolgen.

Tabelle 16: Zusammenstellung häufig verwendeter Oberflächenarten innerhalb einer Stadt und ihrer gemittelten Temperaturen auf der Grundlage der vorgenommenen Thermalbildkameramessungen im Juli 2006 (18 Messtage)

Mittelwerte für den Juli 2006	**Morgens Kurz vor Sonnenaufgang (°C)**	**Mittags Sonnenhöchst-stand (°C)**	**Abends Kurz nach Sonnenuntergang (°C)**
Dach – Teerpappe (Sonne)	17,9	60,3	20,3
Dach – Teerpappe (Schatten)	19,7	28	22
Dach – Dachziegel (Sonnen)	21	48,8	21,2
Dach – Dachziegel (Schatten)	20,9	40,2	21
Asphalt (Schatten)	22,9	44,5	21,1
Asphalt (Sonne)	23,4	38,5	24,7
Wand (Schatten), verschiedene Ausrichtungen	**Norden** 21,7 **Süden** 22,8 **Westen** 22,7 **Osten** 21,9	**Norden** 29,2 **Süden** 40,2 **Westen** 31,3 **Osten** 30,8	**Norden** 24,4 **Süden** 24,5 **Westen** 23,9 **Osten** 24,8
Sand (Sonne)	19,15	26,5	21,2
Sand (Schatten)	19,2	22,9	20,9
Wiese (sonnenbeschienen)	18,8	31,1	19,5
Wiese (schattig)	20,4	25,7	21,4

Tagsüber sind die Oberflächentemperaturen über künstlichen Flächen höher (teilweise mehr als 20–25 K) als über natürlichen Oberflächen, während die Lufttemperaturen nahe gelegener Standorte auf gleichem Niveau liegen (KJELGREN & MONTAGUE, 1998).

Die Reichhaltigkeit und die räumliche Auflösung der Vegetation hat einen starken Einfluss auf die urbanen und suburbanen Umweltgegebenheiten. Vegetation beeinflusst die Energieflüsse durch selektive Reflexion und Absorption der Solarstrahlung. Dadurch entsteht ein signifikanter Kühlungseffekt, da ein Großteil der einfallenden Strahlung absorbiert wird und Energie zur Transpiration der Pflanzen

verwendet wird und so nicht als Wärmeenergie zur Verfügung steht (GALLE ET AL., 1993, PRICE, 1990, CARLSON, 1994, OWEN ET AL., 1998).
Bezüglich der Oberflächentemperatur wirkt eine Vegetationsdecke als dämpfend zwischen Bodenoberfläche und Atmosphäre. Hinsichtlich der Temperatur der Vegetationsdecke ist zu beachten, dass eine Vergrößerung der zum Austausch fähigen Fläche stattfindet. Die absorbierte Energie ist abhängig von der Stellung der Chloroplasten und kann kurzzeitig stark schwanken; auch die Blattgröße und die Blattform beeinflussen die Absorption. Je großflächiger und kompakter die Blätter sind, umso effektiver wird die Einstrahlung auf die, unter den Blättern befindlichen Flächen, unterbunden. Die Ausstrahlung wird in ähnlichem Maße verringert. Die Transpiration der Pflanzen führt zu einer Temperaturverringerung, bei Windgeschwindigkeiten von mehr als 3 km/h überwiegt der Konvektionseinfluss. Blätter besitzen eine sehr niedrige Wärmekapazität, woraus eine sehr kurzzeitige Änderung der Austauschvorgänge resultiert, mit dazugehöriger unmittelbarer Temperaturänderung (bis zu 1 K pro Minute) (GEBHARDT, 1981).
Ein Sommertag in den Mittleren Breiten stellt sich anhand der Ergebnisse folgendermaßen dar: An einem *feuchten* Standort (Wiese/Grünflächen) verdunstet die dort vorhandene Flüssigkeit und mischt sich als Wasserdampf von der Bodenoberfläche weg turbulent in die Atmosphäre. Mit dem Wasserdampf wird die für die Verdunstung benötigte Energie mit in die Atmosphäre abgeführt. Wichtig ist, dass jeder Verdunstungsprozess Wärme entzieht. Verdunstung ist daher ein Kühlprozess. Der Rest Energie wird wiederum durch Konvektion in die Atmosphäre abtransportiert und zu einem kleineren Teil als Bodenwärmestrom (Speicherterm) an die tieferen Bodenschichten weitergeleitet. Wiesen bzw. Grünflächen erreichen aufgrund dieser Prozesse am Abend sehr niedrige Temperaturwerte. Ein Eindruck, welche Temperaturdifferenzen durch Schattenbildung erreicht werden können, ist aus Tabelle 16 deutlich ersichtlich. Ein dichtes Kronendach absorbiert und reflektiert in Form von Schattenwurf einen Großteil der tagsüber einfallenden Strahlung. Durch Evapotranspiration wird die Umwandlung in latente Energie gebremst, die daraus resultierenden geringeren Temperaturen führen wiederum zu einer verminderten langwelligen Ausstrahlung.
Zusammengefasst werden spezifische mikroklimatische Effekte von Bäumen durch folgende Prozesse (DIMOUDI & NIKOLOPOULOU, 2003):

- Reduzierung der Solareinstrahlung an Fenstern, Wänden und Dächern durch Schattenbildung
- Reduzierung des Austausches langwelliger Strahlung von Gebäuden mit der Atmosphäre durch die Verringerung der Gebäudetemperatur durch Schatten
- Absenken der Temperatur durch Evapotranspiration

Um thermale Effekte unterscheiden zu können, wurde eine Einteilung in verschiedene Vegetationstypen vorgenommen – in hohe und niedrige Bäume, Hecken sowie Rasenflächen. Rasenflächen, also kurzes Gras, haben nach Sonnenuntergang die niedrigsten Oberflächentemperaturen innerhalb einer Stadt. CHUDNOWSKY & KIM (1992) haben gleiche Ergebnisse erzielt. Bei einer Wiesenoberfläche kann in der Regel von ausreichend Wasser ausgegangen werden. Eine Vegetationsdecke stellt eine erhebliche Wärmebarriere dar. Dementsprechend kann die Temperatur unterhalb der Grasnarbe ohne weiteres um 15 K kälter sein als die an der Oberfläche. Es entsteht ein großer Gradient. Auch ein kleiner Temperaturgradient kann bei hohen Temperaturen Erleichterung zwischen Vegetationsoberfläche und dem darunterliegenden Boden verschaffen. Der Wärmestrom fällt daher gering aus. Andererseits bleibt dadurch die Energie in der Nacht im Boden besser gespeichert als bei unbewachsenen Oberflächen. Diese Tatsache wurde bereits mehrfach bei der Auswertung der Satellitendaten erwähnt. Temperaturamplituden sind bei Bewuchs kleiner. Dadurch sind Messungen der Oberflächentemperatur von Vegetation ein Gemisch aus langwelliger Strahlung der Vegetation und des Erdbodens.

Die gemessenen Oberflächentemperaturen unter Bäumen lagen am Tag grundsätzlich unter den Werten der umgebenden sonnigen Flächen. Schattenmessungen unter Bäumen haben eine Temperaturabsenkung um mindestens 10 Kelvin im Vergleich zu offenen Flächen mit direkter Strahlung ergeben. Das Blätterdach absorbiert die Strahlung, reduziert die Aufheizung des darunter liegenden Bodens und verringert die Energiemenge der Ausstrahlung an die Luft.

Wie erwartet, ist die Vegetation kühler als viele andere Materialien am Tag, wohingegen die Vegetation in der Nacht als relativ warm erscheint. Am Tag ist sie um bis zu 5 Kelvin kühler. In der Nacht wird der Effekt kleiner, einige Vegetationsflächen sind sogar um 1–2 Kelvin wärmer als Straßen. Die nächtlichen Temperaturen sind zu begründen durch die Unterschiede in der aufgenommenen

täglichen Energiemenge. Vegetation strahlt am Tag durch das Blätterwerk weniger Wärmeenergie ab als Straßen. Das Blätterwerk und der hohe Wasseranteil reduzieren einen Teil der Abstrahlungsenergie.
Bäume, die auf überwiegend anthropogen geprägten Flächen (z.B. Parkplätzen) stehen, weisen aufgrund der erhöhten, von künstlichen Materialien nachts ausgehenden langwelligen Ausstrahlung höhere Blatttemperaturen auf (KJELGREN & MONTAGUE, 1998). QUATTROCHI & RIDD (1994) haben gezeigt, dass die langwellige Strahlung nach Sonnenuntergang sehr schnell abnimmt und niedrige Temperaturen rasch erreicht werden.

Im Fall einer trockenen Oberfläche (Wiese nach langer Trockenheit, anthropogene Materialien) wird zwar ebenfalls noch verfügbares Wasser verdunsten, doch die damit in die Atmosphäre abgeleitete Energie ist sehr gering. Der größte Anteil wird mit dem fühlbaren Wärmestrom abgeführt. Der „Bodenwärmestrom" bzw. Speicherterm ist dann umso stärker in den Wärmetransport eingebunden. Die thermischen Eigenschaften der Straßen und Wände werden nachfolgend ausführlich beschrieben. In der Tabelle erreichen vor allem Asphaltflächen (Straßen) mittags sehr hohe Temperaturen. Insbesondere ihrer dunklen Farbe verdanken sie ihre hohen Temperaturwerte durch Absorption.
Die Analyse der Oberflächentemperaturen für Dachflächen ergibt, dass Dächer sowohl am Tag die höchsten Temperaturen (vergleichbar mit Asphalt) haben, als auch die niedrigsten Werte in der Nacht, im Vergleich zu allen anderen untersuchten Oberflächen. Dächer erreichen damit die höchste tägliche Temperaturschwankung.
Eine Ursache dafür ist die große Heterogenität der Dachflächen. Sie haben häufig zusätzliche Aufbauten wie Zylinder mit verschiedenen thermalen Eigenschaften. Anthropogene Aktivitäten innerhalb des Gebäudes interagieren miteinander und können zu höheren Temperaturen führen. Dächer von Bürogebäuden bei dünner Materialbedeckung sind kühler als solche von Wohngebäuden (CHUDNOVSKY, 2004). Diese Beobachtungen gelten nur während der Nacht, da Wohngebäude in dieser Zeit bewohnt, Bürogebäude hingegen leer stehen.
Weitere Erklärungen sind der schnelle Wärmeverlust nach fehlender Sonneneinstrahlung durch einen hohen Sky View Faktor. Besonders bei Dächern fällt es schwer, einen Unterschied zwischen sonnigen und schattigen Bereichen zu untersuchen. Durch die Höhe der Untersuchungsflächen ist eine Verschattung durch

Bäume nur selten zu erreichen. Im Rahmen der vorliegenden Studie wurde ein sehr niedriges Gebäude mit Teerpappeabdeckung gewählt, an dem eindeutige Schattenbereiche, hervorgerufen durch den umgebenden Baumbestand, zugeordnet werden konnten. Als Untersuchungsfläche für das in Deutschland meist verwendete Dachbedeckungsmaterial, Dachziegel, wurde ein 4-stöckiges Eckhaus gewählt, das durch hohe Gebäude auf einer Längsseite verschattet wird.

Abschließend kann zusammengefasst werden, dass während eines Tages die thermisch auffälligsten Oberflächenelemente Dächer, Hauswände und Straßen sind. Diese Materialien verfügen über keine nennenswerten kühlenden Evapotranspirationseffekte. Die Ergebnisse zeigen, dass die Vegetation eine gute Möglichkeit der Kontrolle mikroklimatischer Bedingungen bietet. Bei Bäumen lässt sich der direkte Effekt der Reduzierung der Solarstrahlung nachweisen. Städtisches Grün kann hohe Lufttemperaturen durch Evapotranspiration, durch Schattenwirkungen an Wänden und dem Boden mindern.

IV.4.2 Zeitliche Variationen: Monats- und Jahresmittelwerte

Das thermale Verhalten verschiedener Oberflächen im Verlauf eines Jahres ist eine wichtige Datengrundlage für Stadtplaner. Die Energiebilanz ändert sich vor allem in den mittleren und hohen Breiten jahreszeitlich durch saisonale Unterschiede und damit variierender Sonnenhöchststände und daraus resultierenden Temperaturen. Die Strahlungsbilanz richtet sich nach der Intensität maximaler Einstrahlung im Sommer und minimaler im Winter. Komponenten des Wärmehaushaltes unterliegen ausgeprägten täglichen und jährlichen Gängen (KRAUS, 1987), die durch die entsprechenden Variationen der Einstrahlung bestimmt werden.

Die Strahlungsbilanz nimmt von November bis Februar negative Werte an. In dieser Zeit übertrifft die effektive Ausstrahlung die Einstrahlung, in Abbildung 37 als negative LST zu sehen. Der latente Wärmestrom erreicht das Maximum seines Jahresverlaufes im Juli. Einen charakteristischen Jahresgang für die gemäßigten Breiten zeigt auch der fühlbare Wärmestrom, der in der kalten Jahreszeit (Oktober bis Februar) mit geringen Werten zur Oberfläche hin gerichtet ist, während er zwischen März und September von der Oberfläche zur Atmosphäre mit maximalen Werten im Juni verläuft.

Der mittlere Verlauf der LST über den Zeitraum eines Jahres (November 2005 – September 2006) spiegelt sich in der nachstehenden Abbildung wider. Dabei wurde auf Grundlage der einzelnen Tagesmessungen, zu Zeiten des Sonnenhöchststandes, nach Sonnenuntergang, sowie zur Zeit der maximalen Einstrahlung, ein Mittelwert für den jeweiligen Monat gebildet. Wobei die Anzahl der zugrunde liegenden Messungen zwischen den Monaten sehr verschieden sein kann (vgl. Anhang IV). Die exakten Zeitpunkte der Messungen variieren innerhalb eines Jahres durch Veränderungen der Sonnenstände. Die Spanne der Temperaturwerte zeigt klare Unterschiede zwischen natürlichen und anthropogenen Oberflächen. Individuelle Phasen im jährlichen Verlauf sind bei allen Materialien beeinflusst durch das Wetter. Monate, in denen stabile Hochdrucklagen häufig auftreten, zum Beispiel im Spätsommer, sind besonders für die Ausbildung von Wärmeinseln prädestiniert. Generell häufen sich im Frühling und Spätherbst in West- und Mitteleuropa zyklonale Wetterlagen, Wolkendecken hemmen die Ein- und Ausstrahlung (FEZER, 1975).

Die jährliche Temperaturspanne von 50 bis zu 70 Kelvin der Oberflächenbedeckung Teerpappe ist beeindruckend hoch. Auffällig ist bei den Dachoberflächen der steile Temperaturanstieg im Frühjahr. Sobald ausreichend Energie zur Verfügung steht, erwärmen sich diese Materialien rasch. Bei fehlender Einstrahlung kühlen, durch nicht existente Speichermöglichkeiten, aber ebendiese Materialien rasch wieder ab, niedrigste Temperaturen sind die Folge.

Bei den bodennahen Flächen erfolgt eine langsamere Annäherung an hohe sommerliche Werte. Die Kurve von Gras zeigt den typischen Verlauf einer Fläche, die während eines Jahres mit Vegetation bedeckt ist. Der Vergleich von Gras und Asphalt zeigt mit einer Differenz der mittleren Werte von bis zu 10 Kelvin einen deutlich möglichen dämpfenden Einfluss auf künstliche Oberflächen.

Die Temperaturen im Winter erreichen für alle dargestellten Materialien annähernd ähnliche Werte.

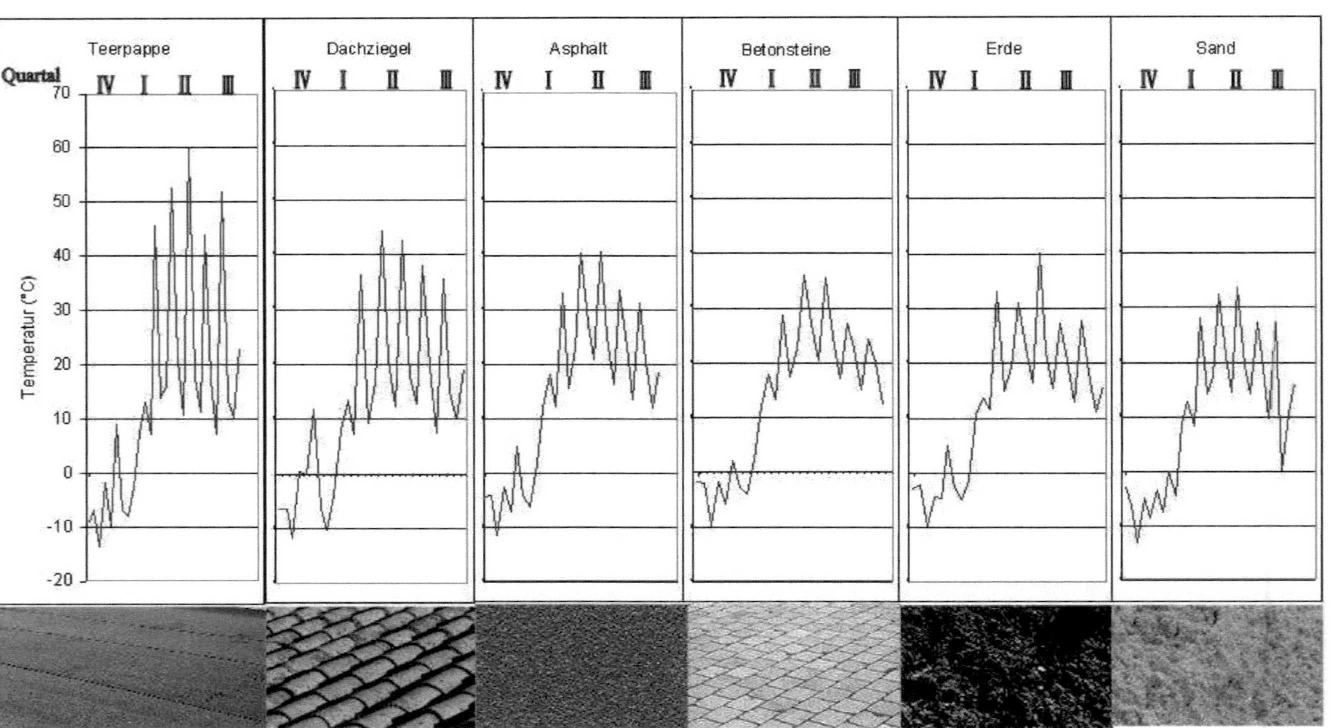

Abbildung 37: Temperaturvariation im Jahresverlauf (November 2005 bis September 2006), gemessen mit der AGEMA 570 im Untersuchungsgebiet, Berlin Mitte , Fotos: eigene Aufnahmen

Für die Analyse des monatlichen Verhaltens wurden die Daten einzelner Oberflächen jahreszeitlich aufgeschlüsselt: Frühling (März bis Mai), Sommer (Juni bis August), Herbst (September bis November) und Winter (Dezember bis Februar). Datengrundlage bilden dabei die gemittelten Oberflächentemperaturen aller Messungen in den jeweiligen Monaten.

Bei der jahreszeitlichen Amplitude treten die Unterschiede zwischen den *natürlichen* Oberflächentypen einerseits sowie den *anthropogenen* Oberflächentypen andererseits besonders deutlich zum Mittagstermin hervor. In Abbildung 38 kann für die Wintermonate deutlich festgestellt werden, dass die Messungen zum Zeitpunkt maximaler Einstrahlung die höchsten Werte ergeben. Bedingt durch die Energieumsätze der einzelnen Oberflächentypen treten bei *anthropogenen* Oberflächentypen erheblich höhere Strahlungsäquivalenttemperaturen um die Mittagszeit (KESSLER, 1971) auf. Die gemessenen Intervalle zwischen den Oberflächen können Differenzen von 10 Kelvin übersteigen.

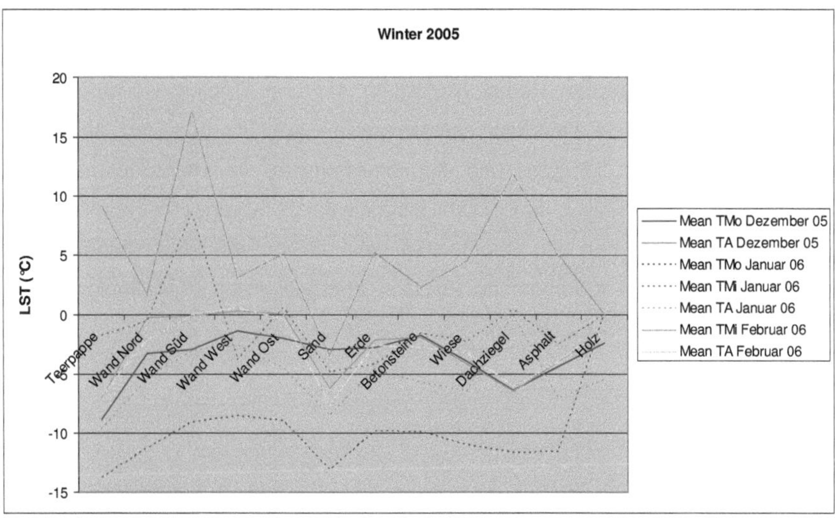

Abbildung 38: Mittlere LST ausgewählter Oberflächenmaterialien im Winter 2005, gemessen mit der Thermalbildkamera im Untersuchungsgebiet Berlin Mitte T_{Mo} – mittlere Temperatur am Morgen, kurz vor Sonnenaufgang, T_{Mi} – mittlere Temperatur mittags, zur Zeit des Sonnenhöchststandes, T_{A} – mittlere Temperatur am Abend, nach Sonnenuntergang

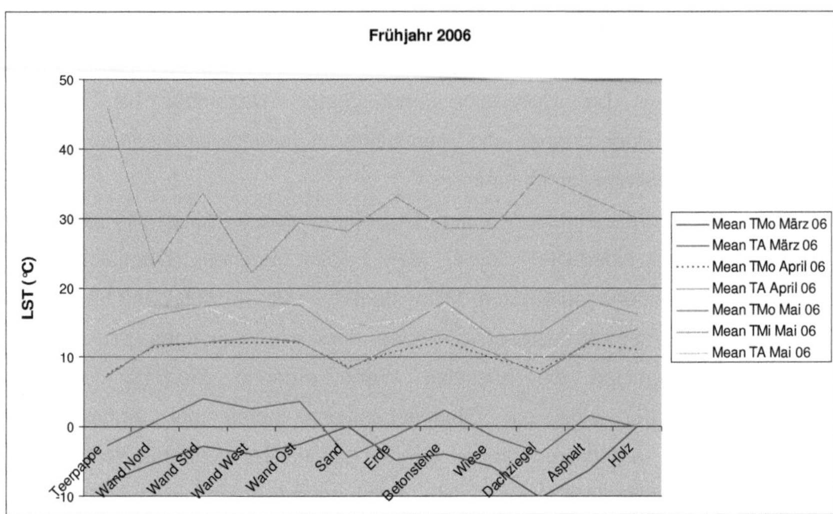

Abbildung 39: Mittlere LST ausgewählter Oberflächenmaterialien im Frühling 2006, gemessen mit der Thermalbildkamera im Untersuchungsgebiet Berlin Mitte T_{Mo} – mittlere Temperatur am Morgen, kurz vor Sonnenaufgang, T_{Mi} – mittlere Temperatur mittags, zur Zeit des Sonnenhöchststandes, T_{A} – mittlere Temperatur am Abend, nach Sonnenuntergang

Die Übergangsjahreszeiten Herbst (Abbildung 41) und Frühling weisen explizite Temperaturunterschiede innerhalb der Materialien auf, die höchsten Amplituden liegen zwischen den Morgen- und Abendmessungen. Im Herbst betragen sie zwischen 15 und 30 Kelvin, im Frühjahr bis maximal 20 Kelvin. Die Variationen der Schwankungen zwischen den Oberflächen nehmen von den Wintermonaten über den Frühling bis hin zum Sommer ab. Im Sommer erreichen sie ihr Minimum.

Für die Sommermonate sind die mittleren täglichen Schwankungen zwischen den drei Messzeitpunkten Morgen, Mittag und Abend weniger ausgeprägt. Vor allem die Unterschiede zwischen den Materialien sind abgeschwächt. Einzige Ausnahme bilden dabei die Materialien Teerpappe und Dachziegel, die sich nach maximaler Erwärmung rasch abkühlen. Dabei muss bemerkt werden, dass der Sommer 2006 als ein sehr heißer Sommer zu benennen ist. Klar thermisch abgegrenzt sind für diese Monate nur die Temperaturen zu den verschiedenen Messzeiten. Die Temperaturen am Morgen liegen grundsätzlich unter den Werten für die Abendmessungen und insbesondere unter den Ergebnissen für die Mittagsmessungen.

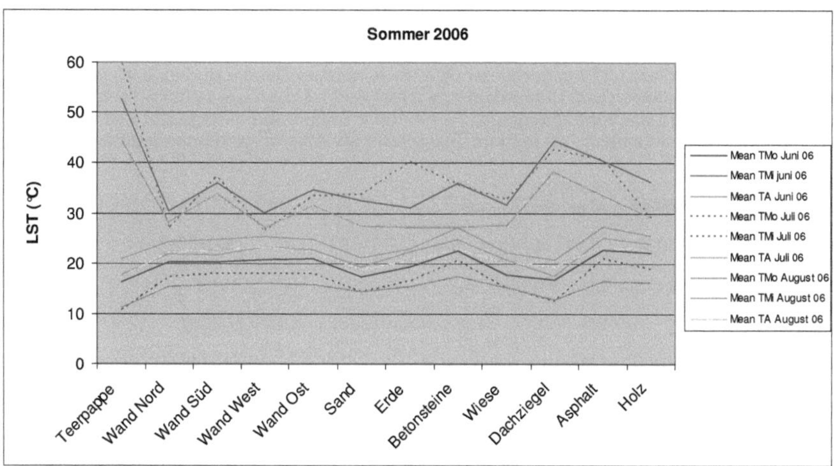

Abbildung 40: Mittlere LST ausgewählter Oberflächenmaterialien im Sommer 2006, gemessen mit der Thermalbildkamera im Untersuchungsgebiet Berlin Mitte T_{Mo} – mittlere Temperatur am Morgen, kurz vor Sonnenaufgang, T_{Mi} – mittlere Temperatur mittags, zur Zeit des Sonnenhöchststandes, T_A – mittlere Temperatur am Abend, nach Sonnenuntergang

Die Abbildungen 40 und 41 zeigen sehr augenscheinlich die Abnahme der mittleren LST im Verlauf der beiden Jahreszeiten. Innerhalb der Übergangsjahreszeiten schwanken die Temperaturen erheblich zwischen den Monaten. Der Verlauf der Grafen einzelner Oberflächenmaterialien ist über das ganze Jahr sehr ähnlich. Die Amplituden zeigen deutlich verschiedene Ausmaße.

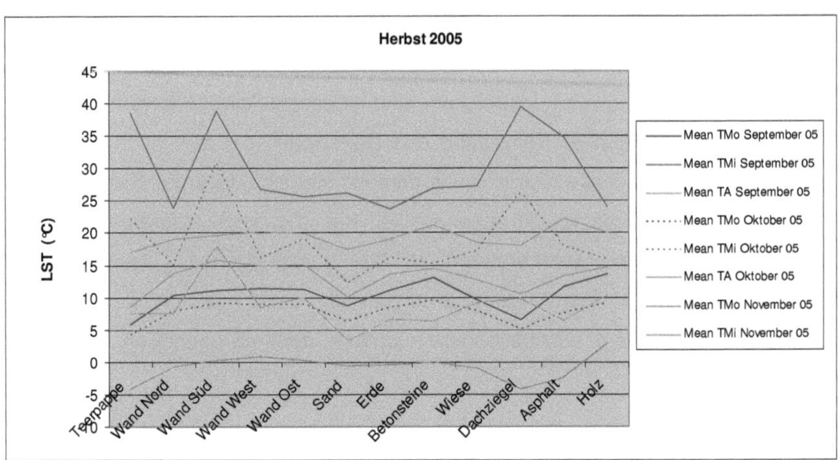

Abbildung 41: Mittlere LST ausgewählter Oberflächenmaterialien im Herbst 2005, gemessen mit der Thermalbildkamera im Untersuchungsgebiet Berlin Mitte T_{Mo} – mittlere Temperatur am Morgen, kurz vor Sonnenaufgang, T_{MI} – mittlere Temperatur mittags, zur Zeit des Sonnenhöchststandes, T_A – mittlere Temperatur am Abend, nach Sonnenuntergang

Die beiden folgenden Grafiken 42 und 43 illustrieren den Jahresverlauf natürlicher und anthropogener Oberflächen als Differenz der Oberflächen- (T_o) und Lufttemperatur (T_L), unter Angabe der Messungen vor Sonnenaufgang und nach Sonnenuntergang sowie zur Zeit maximaler Einstrahlung. Während der Mittagsmessungen überwiegen die Werte der Oberflächentemperaturen gegenüber denen der Lufttemperatur signifikant. Die Wintermonate sind von dieser Tatsache ausgenommen, hier liegen alle Differenzwerte unterhalb der Nullmarke. Die Art der Oberflächen spielt dabei eine untergeordnete Rolle. Die größte Abweichung zwischen T_O und T_L mit über 26 Kelvin erreichen die anthropogen geprägten Materialien im Sommer. Sand, als natürliche Oberfläche erreicht Differenzen bis zu 22 Kelvin. Anthropogen geprägte Materialien haben ein höheres Temperaturintervall als natürliche, zeigen darüber hinaus ein sehr ähnliches Verhalten wie die natürlichen Flächen im Verhältnis zur umgebenden Lufttemperatur.

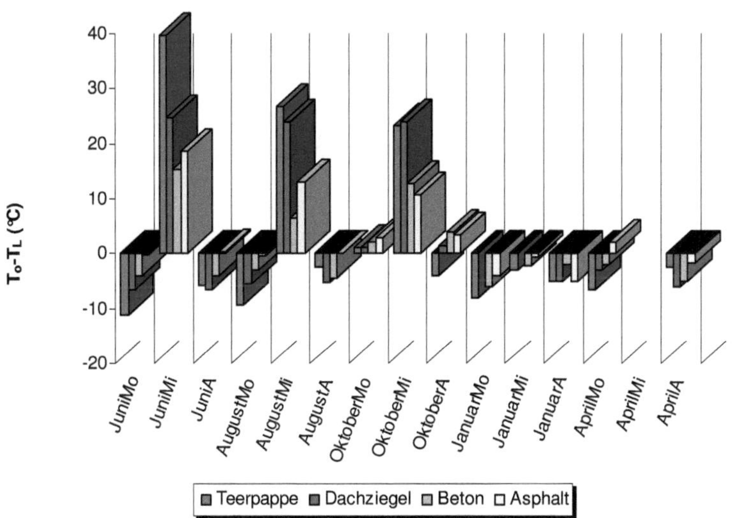

Abbildung 42: Differenz zwischen ausgewählten anthropogenen Oberflächen und der Lufttemperatur im saisonalen Vergleich (Sommer, Herbst, Winter und Frühling). Medianwerte der Thermalkameramessungen von 06/2005 – 04/2006, gemessen im Untersuchungsgebiet der TM-Kamera

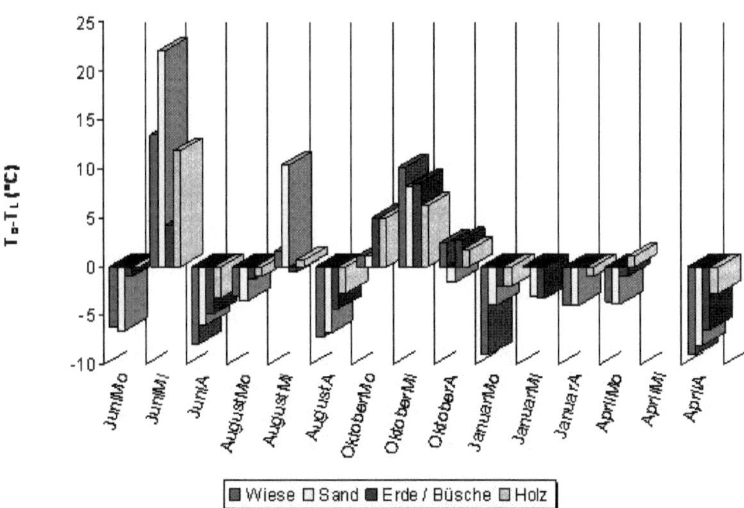

Abbildung 43: Differenz zwischen ausgewählten natürlichen Oberflächen und der Lufttemperatur im saisonalen Vergleich (Sommer, Herbst, Winter und Frühling). Medianwerte der Thermalkameramessungen von 06/2005 – 04/2006, gemessen im Untersuchungsgebiet der TM-Kamera

Lediglich während der Übergangsjahreszeiten sind positive Abweichungen auch kurz vor dem Sonnenaufgang messbar, induziert durch höhere Einstrahlung und der dazu vergleichsweise geringeren Lufttemperaturen.

IV.4.3 Das thermische Verhalten von Straßenzügen

Im kleinsten Maßstab kreieren individuelle Elemente – jedes Gebäudeteil, jeder Baum etc. ihr ganz eigenes Mikroklima. Diese Elemente sind kombiniert in großen mikroskaligen Klimaeinheiten, wie einer Straßenschlucht, die ihre individuellen Eigenschaften gestalten. Straßenräume stellen in dicht bebauten Gebieten fast den einzigen Lebensraum dar, der Möglichkeiten zur Entwicklung öffentlichen Naturraums bietet. Zunächst weist Asphalt wegen seiner dunklen Färbung eine kleine Albedo auf (5 – 10 %). Tagsüber absorbieren die Oberflächen eine große Menge Strahlungsenergie. Da kein Wasser zur Verdunstung Verfügung steht, ist die latente Wärme vernachlässigbar gering. Der fühlbare Wärmestrom übernimmt die Abfuhr der Wärme von der Oberfläche.

Das grundsätzliche Temperaturverhalten von Asphalt wurde bereits beschrieben. Die erste thermale Spitze wird am frühen Nachmittag gegen 13.00 Uhr erreicht. Interessant ist bei der Betrachtung eines Straßenabschnittes das Zusammenspiel der dort vorherrschenden Materialien, dies sind im Besonderen Asphalt und Beton. Die Straßenränder und Mittelstreifen sind durchsetzt mit schmalen Gras- und Wiesenflächen, zusätzlicher Bewuchs mit Bäumen ist möglich. Asphalt, als Straßenmaterial ist am Tag wärmer und in der Nacht um 2–3 Kelvin kälter als Beton. Die absorbierte Strahlung im schwarzen Asphalt ist relativ groß; durch die hohe Speicherkapazität und das hohe Leitvermögen erwärmt sich Asphalt bei Sonneneinstrahlung schnell und mit ihm durch Abstrahlung auch seine Umgebung. Der hellere Beton absorbiert eine geringere Strahlungsmenge bei gleichen Einstrahlungsverhältnissen.

Aufgrund der offenen Ausrichtung zum Himmel ist es dieser Oberfläche in der Nacht möglich, sich schnell abzukühlen, hohe Verluste langwelliger Strahlung sind die Folge und damit niedrige Temperaturen. Vergleichsweise hohe Oberflächentemperaturen des Betons nach Sonnenuntergang sind eine Folge der Tatsache, dass sich Beton in unmittelbarer Nähe zu den Häusern befindet, meist als Bürgersteig, und daher einen kleineren Himmelsichtsfaktor SVF (Sky View Faktor) besitzt.

Straßen sind eine der wärmsten städtischen Oberflächen. Am Tag sind sie eine signifikante Wärmequelle, nachts werden Straßen relativ kalt (CHUDNOVSKY, 2004). Materialien, die den Hauptanteil einer durchschnittlichen Straße ausmachen, werden während der strahlungsintensiven Monate Juli bis August in Abbildung 44 dargestellt. Die merklich höchsten Werte erzielen dabei Flächen aus Asphalt und Beton, dämpfend wirken sich zu jeder Tageszeit nahe gelegene Rasenflächen aus. Der kühlende Einfluss der Wiese wird speziell am Abend und Morgen mit durchgehend sehr niedrigen Temperaturwerten deutlich.

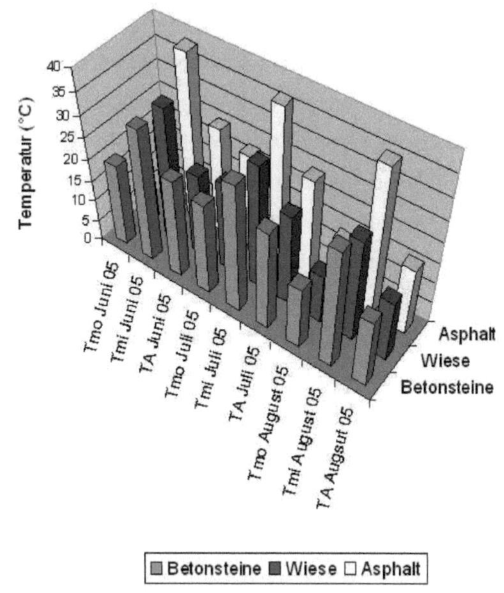

Abbildung 44: Darstellung der drei Hauptbestandteile einer typischen Straße, gemessen im Juni, Juli und August 2005, jeweils am Morgen, Mittag und Abend

Die Auswirkungen des Baumbestandes an Straßen wurden in dieser Abbildung ausgeklammert, im Folgenden wird der Einfluss solcher Pflanzungen beleuchtet.

Die durchgeführten Analysen konnten zeigen, dass Straßen an Straßenkreuzungen am wärmsten sind. Sie sind um 0,5 bis 3 Kelvin wärmer als andere Teile der Straße. Eine Differenz von 0,5 bis 1 Kelvin wird in nahezu allen Jahreszeiten erreicht. Im Sommer können die Unterschiede bis zu 3 Kelvin betragen. SAARONI & BEN-DOR (1997) erhielten ähnliche Resultate für Messungen aus einer Höhe von 8.000 Fuß. Dieses Phänomen kommt sowohl durch die Reibungskraft der Fahrzeuge, verschiedene Schatteneffekte und die charakteristischen thermischen Eigenschaften des Asphalts zustande. Die Schattenwirkung ist auf Kreuzungen geringer als an Straßen.
Weitere Untersuchungen der Messungen im Straßenbereich zeigen, dass es auch essentielle Temperaturunterschiede zwischen den verschiedenen Fahrbahnen gibt, wahrscheinlich zurückzuführen auf eine unterschiedliche Auslastung der einzelnen Fahrbahnen. CHUDNOVSKY ET AL. (2004) konnten einen Temperaturunterschied bis zu 2 K auf der Straßenseite feststellen, die mehr frequentiert wurde. Dieser Effekt konnte in dieser Studie gemessen, aber nicht verifiziert werden, da keine Angaben über das detaillierte Verkehrsaufkommen einzelner Straßenspuren zur Verfügung standen.
Positive Temperaturbeeinflussungen können durch helle Straßenbeläge erreicht werden, da diese eine höhere Albedo besitzen. Schwarzer Straßenbelag absorbiert erheblich mehr Strahlung und kann sich auf Temperaturen über 50 °C während maximaler Einstrahlung erwärmen. Weiß gestrichene Straßenelemente, wie weiße Fahrbahnmarkierungen, sind um bis zu 2 K kälter als andere Bereiche der Straße. In dieser Hinsicht hat eine Verminderung der Albedo unmittelbaren Einfluss auf die Oberflächentemperaturen. BERG & QUINN haben bereits 1978 im Sommer Unterschiede von bis zu 11 Kelvin zwischen einer weiß gestrichenen Straße mit hoher Albedo und schwarzem Asphalt gemessen. Diese hohen Werte konnten nicht belegt werden.

Die effektivste und natürlichste Absenkung hoher Straßentemperaturen ist durch Pflanzungen am Straßenrand und die daraus resultierende Schattenbildung zu erreichen.
In diesem Abschnitt soll besonders auf die Schattenwirkung kleiner und großer Bäume in Straßen eingegangen werden. Schon TOLLNER (1932) hat bei seinen ersten Messfahrten bemerkt, dass breite, baumlose Straßen und Plätze mittags sehr

heiß werden und nachts rasch abkühlen, Alleen sich jedoch gegensätzlich verhalten. Modellüberlegungen nach OKE, (1989) ergaben für einen kubischen Straßenausschnitt mit einer Kantenlänge von 10 m eine Temperaturabsenkung um 1 K alleine durch Transpirationskühlung,

Das Ergebnis der Schattenwirkung sind veränderte Flüsse der Feuchte und Solarstrahlung, Einflüsse auf den Komfort-Level und dem entscheidenden Resultat der Energieeinsparung durch Abkühlung. Des Weiteren tragen insbesondere Bäume dazu bei, durch Schattenbildung die Lufttemperatur zu mindern und die Luftqualität zu verbessern. Allein durch verminderte Ein- und Ausstrahlung erreichen schattige Abschnitte einer Straße eine Temperaturdifferenz bis zu 10 Kelvin (vgl. Abbildung 46). SHASHUA-BAR ET AL. (2000) haben durch statistische Analysen zeigen können, dass in elf mit Bäumen bepflanzten Straßen in Tel Aviv im innerstädtischen Bereich 80 % des Kühleffektes dem Schatten von Bäumen zugeordnet werden kann, besonders dann, wenn die Bäume über die Straße reichen.

(1) **Schattiger Straßenbereich**
Ein erheblicher Teil der Einstrahlungsenergie wird durch den Baumbestand an der Einstrahlung gehindert.

(2) **Sonniger Straßenbereich**
Die Asphalt absorbiert einen großen Teil der eintreffenden Strahlung und erwärmt sich um bis zu 10 Grad mehr als eine im Schatten befindliche Asphaltfläche.

Abbildung 45: Veranschaulichung der Temperaturdifferenzen auf einer Straße zwischen sonnigen und schattigen Abschnitten

Die Bereiche zwischen zwei Straßen oder Straßen und Gebäuden sind gefüllt mit Grasflächen und kleinen bis mittelgroßen Bäumen. Abhängig vom Sonnenstand ist es möglich, dass beträchtliche Bereiche des Bodens über längere Zeit im Schatten liegen.

Modifikationen allein durch Schattenbildung innerhalb eines Straßenabschnittes stellen die Profillinien in Abbildung 46 dar. Die Linien illustrieren die Temperaturabsenkung durch Verschattung von Teilen einer Straße. Profil L02 befindet sich fast vollständig im Bereich der Schattenflächen, mit Werten um 30 °C, dem kältesten Bereich der Straße. L04 durchquert vollständig einen sonnigen Abschnitt, es werden Werte von über 40 °C gemessen.

L01 verdeutlicht am anschaulichsten den thermischen Unterschied zwischen sonnigen und schattigen Arealen. Innerhalb dieser Profillinie belaufen sich die kleinräumigen Temperaturunterschiede auf über 10 Kelvin, nur begründet durch den Wechsel zwischen schattigen und sonnigen Straßenabschnitten.

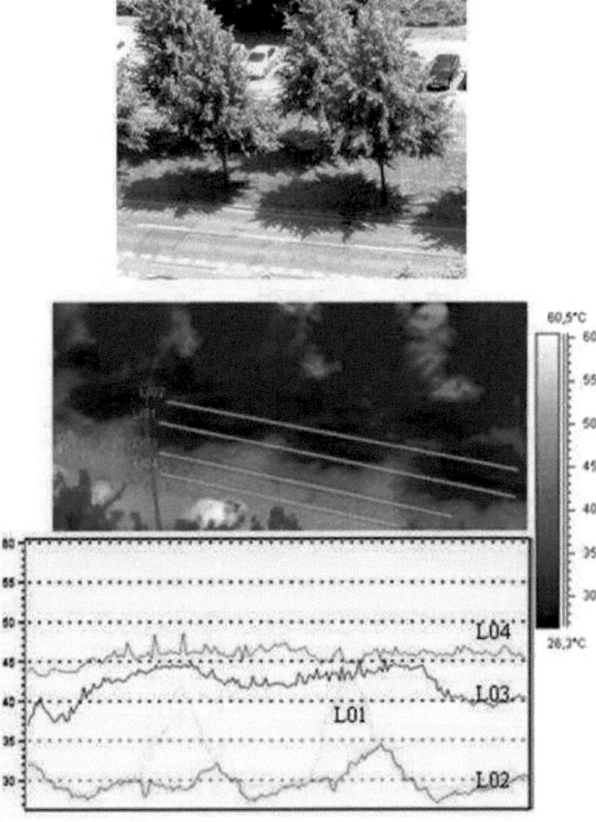

Abbildung 46: Schattenwirkung kleiner Straßenbäume zur Mittagszeit, gemessen am 19.06.2006, 12.43 Uhr MEZ (Linien im Profil: grün – Linie 04, schwarz – Linie 03, gelb – Linie 02, rot – Linie 01) und zur besseren Anschaulichkeit ein Foto der Straße

OKE (1989) stellte fest, dass die Wärmezunahme eines Baumes in einer Straßenschlucht besonders groß ist. Ein Baum empfängt direkte Solarstrahlung sowie große Mengen an reflektierter kurzwelliger Strahlung von angestrahlten Wänden und Böden und kann weiterhin langwellige Strahlung von bebauten Oberflächen erhalten.

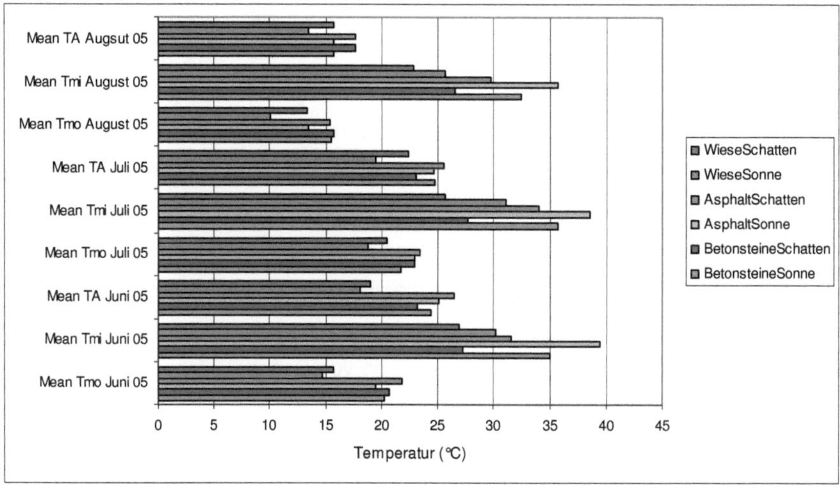

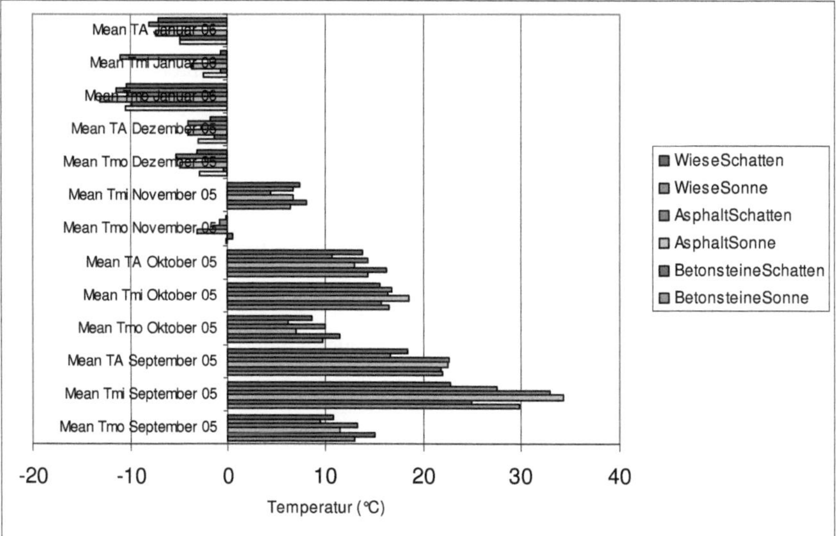

Abbildung 47: Thermalkameramessungen während strahlungsintensiver Sommermonate Juni – August 2005 sowie in den Monaten September – Januar 2005/2006, T_{mo}-Messung kurz vor Sonnenaufgang, T_{mi}-Messungen kurz nach Sonnenuntergang, T_A-Messung kurz nach Sonnenuntergang

Die Ableitung dieser Energiezuflüsse erfolgt durch Evapotranspiration, konvektiven und sensiblen Wärmeaustausch mit der Umgebungsluft. Die Aufteilung des Energiezuwachses in latente und sensible Energie ist hauptsächlich abhängig von der Wasserbilanz und dem Windklima des Baumes. Es treten diesbezüglich tägliche und jahreszeitliche Unterschiede auf.
Einen Eindruck der Schattenwirkung über ein ganzes Jahr ermöglicht die vorhergehende Abbildung. Laubabwerfende Bäume verlieren vom Herbst bis zum Frühjahr einen Großteil ihrer Oberfläche, die für die Schattenbildung verantwortlich ist. Der unmittelbar resultierende Einfluss wird für die Sommermonate während des Sonnenhöchststandes gemessen. Messungen am Morgen ergeben eine um maximal 4 K höhere Temperatur für Schattenbereiche. Induziert durch die Vegetation wird die Ausstrahlung gegenüber sonnigen Bereichen gehemmt. Das ist ein wichtiges Kriterium bei der Diskussion der Einflussnahme von Schattenflächen. Es sind dabei nicht nur Abschwächungseffekte zu beobachten.
Der Temperaturabsenkung während maximaler Einstrahlung um teilweise mehr als 10 Kelvin im Sommer steht bei fehlender Einstrahlung eine Erhöhung um bis zu 4 K gegenüber. Allerdings überwiegt die positive Beeinflussung durch Baumbewuchs am Straßenrand deutlich. Die Minderung der Schattenwirkung durch Laubabfall hat merkliche Unterschiede im Herbst und Winter zur Folge, die Differenz zwischen sonnigen und schattigen Arealen nimmt spürbar ab. Allein durch den Schattenwurf der Stämme können nur geringe Absenkungen der Temperaturwerte erreicht werden. Durch die fehlende Abschwächung der Einstrahlung verschwimmen die Unterschiede. Die Notwendigkeit der Temperaturabschwächung hingegen ist während dieser Monate vermindert.
Die Geometrie einer Straße bzw. Straßenschlucht hat großen Einfluss auf das thermische Verhalten der Straßenmaterialien. Eine Analyse dieses Einflusses war mit dem vorhandenen Datenmaterial nicht möglich.

Grundsätzlich ist der Schattenwurf entlang einer Straße ein wichtiger Aspekt, um die eintreffende Solarstrahlung zu reduzieren. Fehlende Vegetation hat nachweisbar einen negativen Einfluss auf das Straßenumfeld.

IV.4.4 Thermisches Verhalten von Hauswänden und Dachflächen

Die drei-dimensionale Gebäudegeometrie eines hohen Gebäudes besitzt eine viel größere aktive Oberfläche, die zum Austausch mit der Umgebung genutzt wird, als unbebaute Gebiete.

Die große Speicherfähigkeit zusammen mit der Masse hoher Gebäude ergibt eine Verzögerung bezüglich der Erwärmung und der Abkühlungseffekte, sodass kompakte Gebäude als Wärmeinseln in der Nacht fungieren.

Die für die Messungen ausgewählten Wände repräsentieren die vier verschiedenen Himmelsausrichtungen. Glasfronten, Fensterbretter und ähnliche Gebäudematerialien wurden für die Auswertung nicht berücksichtigt. Ein ausreichend großes, relativ einheitliches Polygon wurde zur Temperaturbestimmung ausgewählt (vgl. Abschnitt III.2.1).

Es sind zwei Hauptfaktoren zu nennen, die das thermische Verhalten von Hauswänden nachhaltig beeinflussen, die Gebäudeausrichtung und die Materialart. Die Temperaturvariationen bezüglich der Gebäudematerialien großer, von außen zugänglicher Gebäude sind in Abbildung 48 illustriert, beschränkt auf Wand- und Dachflächen. Ein Überblick über das durchschnittliche thermale Verhalten relevanter Gebäudematerialien im Jahresverlauf ist nachvollziehbar. Eine positive Thermalbilanz kann durch Reduzierung der thermalen Gewinne in der städtischen Umgebung und teilweise Reduzierung der absorbierten Solarstrahlung erreicht werden. Dabei spielen die Gebäudematerialien eine entscheidende Rolle. Sie werden hauptsächlich bestimmt durch ihre optischen und thermalen Eigenschaften, die Albedo, Emissivität und das Absorptionsvermögen der jeweiligen Baumaterialien. Entscheidend ist die Tatsache, dass die horizontalen Oberflächen der betrachteten Häuser fast durchgehend wärmer als die vertikalen Flächen sind. Insbesondere die gemessenen Temperaturen der senkrechten Außenwände machen deutlich, wie signifikant der Input für die aktive Oberfläche ist, vor allem bei höheren Gebäuden, die bei fernerkundlichen Untersuchungen häufig nicht gesehen werden. Der typische Dächerblick legt Temperaturen zugrunde, die teilweise 20 Kelvin höher sind, als die häufig nicht betrachteten vertikalen Werte. Zeitlich ist die Differenz um die Mittagszeit am größten, dem Sonnenhöchststand. Zeitlich davor oder danach sind die

Temperaturunterschiede zwischen vertikalen und horizontalen Wänden weniger signifikant.

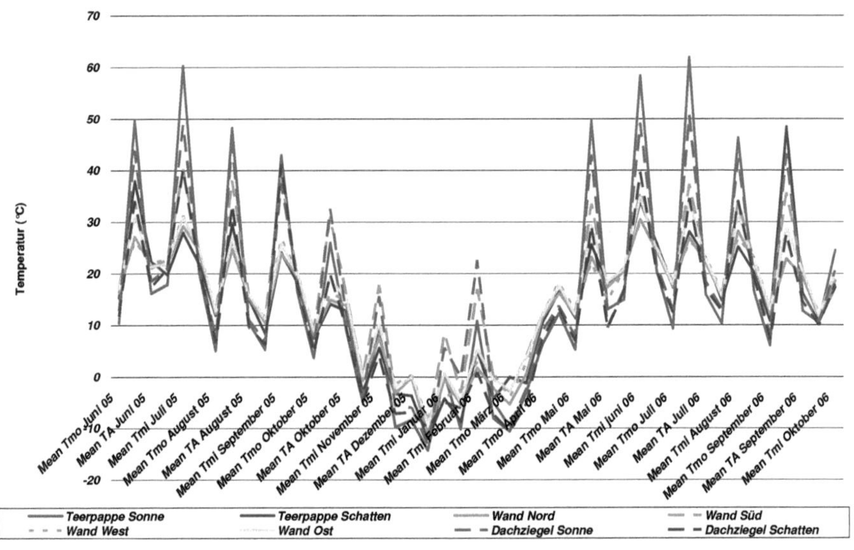

Abbildung 48: Temperaturverlauf ausgewählter urbaner Oberflächen innerhalb eines Jahres, gemessen mit einer Thermalbildkamera im Zeitraum Juni 2005 bis Oktober 2006, Tmo-Messungen vor Sonnenaufgang, Tmi-Messungen zur Zeit des Sonnenhöchststandes, TA-Messungen nach Sonnenuntergang

Die Dachmaterialien Teerpappe und Dachziegel zeigen den eindeutig markantesten Temperaturverlauf.

Um die Beziehung der Ausrichtung und der momentanen Wandtemperatur auf gleicher Höhe verschiedener Gebäude sowie die täglichen und jährlichen Unterschiede ermitteln zu können, wurde die folgende Abbildung 49 erstellt.

In den Morgenstunden zeigt sich, dass die ostwärts gerichteten Wände mehr Strahlung absorbieren als Westwände, was einen Unterschied von bis zu 2–3 K zur Folge hat. Eine ostwärtsgerichtete Fassade empfängt um 10 Uhr Ortszeit bis zu sechsmal soviel Sonnenstrahlung wie eine beschattete Fläche (TERJUNG & LOUIE, 1973). Nach Süden exponierte Hauswände sind zum Sonnenhöchststand am wärmsten. Am Abend und in der Nacht gleichen sich die Temperaturwerte zügig aneinander an, die Temperaturdifferenzen betragen meist weniger als 1 K. SANTAMOURIS ET AL. (1999) haben bei Untersuchungen in Athen während der Sommermonate 1997 in einer NW-SE ausgerichteten Straße

Temperaturunterschiede bis zu 19 Kelvin zwischen gegenüberliegenden Gebäuden gemessen.

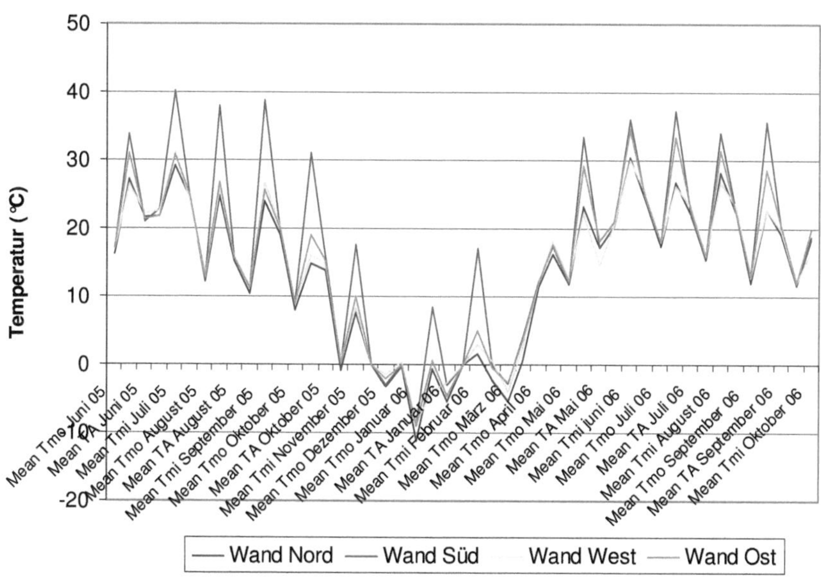

Abbildung 49: Mittlere Wandtemperaturen ausgewählter Fassaden innerhalb der Innenstadt, Süd-, Ost-, Nord- und Westfassaden gemessen mit einer Thermalbildkamera vom Juni 2005 bis Oktober 2006, T_{mo}–Messungen vor Sonnenaufgang, T_{mi}–Messungen zur Zeit des Sonnenhöchststandes, T_A–Messungen nach Sonnenuntergang

Generell kann festgestellt werden, dass die SSW Fassade eines Gebäudes höhere Temperaturen als die gegenüberliegende Wand besitzt.

Süd- und Ostwände haben am Tag genügend Wärme akkumuliert und können die ganze Nacht hindurch als Wärmespeicher dienen. Noch am Morgen bilden die Hauswände die wärmsten Flächen. Vegetationsbewachsene Gebäude ebenso wie Gebäude mit Vegetation im Vordergrund ihrer Hauswände sind am Tag signifikant kühler und in der Nacht wärmer als vergleichbare Wände ohne Vegetation. Die Mechanismen sind vergleichbar mit dem Bewuchs von Grünstreifen am Straßenrand, im Fall von Hauswänden allerdings in vertikaler Richtung.

Weiterhin spielen die angesprochenen Schattenbereiche, bedingt durch Vegetation, eine große Rolle.

Des Weiteren muss beachten werden, dass diese Temperaturunterschiede nicht zu einem beliebigen Zeitpunkt gemessen werden sollten, jeder Zeitpunkt verursacht typische Temperaturabläufe und Verhaltensweisen.
Beobachtungen von Wandtemperaturen in Außenbezirken neigen dazu, geringere Variationen bezüglich ihrer Ausrichtung zu zeigen, als Wände in der Innenstadt, ursächlich begründet durch größere Schattenbildung der dort vorhandenen Vegetation. Bei Beschattung von Hauswänden durch das Blätterdach von Bäumen oder Büschen gelangt der größte Teil der Globalstrahlung nicht bis zum Baumaterial. Im Sommer erfolgt eine Reduzierung der Strahlung von 76,9 % bis 59,4 % und im Winter von 57,5 % bis 20,4 % (GIVONI, 1998). Dies begründet die Zunahme der Differenz vom Winter zum Sommer.
Das Temperaturintervall von Vegetation und Außenwänden lässt eine relativ kleine Spanne verglichen mit Straßen, Dächern und kurzem Gras erkennen. Am Tag beträgt die größte Temperaturdifferenz zwischen den Durchschnittstemperaturen der verschatteten und sonnigen Flächen 2 Kelvin. Morgens, zum Zeitpunkt der tiefsten Temperaturen vor Sonnenaufgang, liegen die Differenzen nur noch bei 0,5 Kelvin. Eine signifikante Erwärmung der Außenwände in den Wintermonaten durch Heizleistungen konnte durch Messungen nicht festgestellt werden. Das Vorhandensein von Bäumen in unmittelbarer Gebäudenähe kann ungewollte Solareinstrahlung blockieren und zu einer Reduzierung der Oberflächentemperaturen führen. Der Schatten der Bäume reduziert gleichzeitig die diffuse Streuung zur Atmosphäre sowie zur Umgebung. Während des Tages reduzieren die Schatten, hervorgerufen durch Bäume oder andere Vegetation, die Wärmeaufnahme der Oberflächen der Umgebung. Nachts verhindert die Vegetation die Energieausstrahlung vom Gebäude zur Atmosphäre oder Umgebung.

Tabelle 17: Übersicht über gemittelte Temperaturen aller Messungen in den Monaten Dezember, Februar, April, Juni, August und Oktober Hauswand-Oberflächentemperaturen einer Südwand im Jahresverlauf, mit und ohne Vegetationsbestand

	Dezember Morgen 05	Dezember Abend 05	Februar Mittag 06	Februar Abend 06	April Morgen 06	April Abend 06	Juni Morgen 06	Juni Mittag 06	Juni Abend 06	August Morgen 06	August Mittag 06	August Abend 06	Oktober Morgen 06	Oktober Mittag 06
Südseite mit Bäumen	-3,5	1,3	14,8	-1,9	11,7	15,8	19,2	38,9	23,6	12,3	41,9	15,4	11,7	20,3
Südseite	-4,2	-1	17,2	-1,7	11	16,3	19,7	38,2	24,6	12,9	44,3	15,8	11,5	19,9

Unterschiedliche Ergebnisse sind bei engeren Straßen zu erwarten, da hier der Schattenwurf der gegenüberliegenden Häuser hinzukommt.

Der Einfluss der Einstrahlung entlang einer Hauswand, als simultan gemessene vertikale Temperaturunterschiede, wird in Abbildung 50 dargestellt. Während der Nacht sinken die Wandtemperaturen und der maximale Unterschied zwischen den Erdgeschossen wird am frühen Morgen beobachtet. Die höchste Differenz beläuft sich auf einen Wert von 3 Kelvin für eine Westwand, als Ergebnis direkter Sonneneinstrahlung. Temperaturunterschiede in verschiedenen Höhen sind während der Mittagszeit als nahezu linear zu beobachten. Die oberen Etagen kühlen bei nachlassender Sonneneinstrahlung relativ schnell ab. Erklärt werden kann dies durch den Fakt, dass die unteren Etagen einen kleineren Sky View Faktor besitzen und aufgrund dessen weniger Energie an die Umgebung verloren gehen kann. Für Südwände werden als signifikanteste Temperaturunterschiede Werte von bis zu 6 Kelvin innerhalb der betrachteten 10 m Höhe gemessen. Nordwände zeigen deutlich geringere Unterschiede zwischen den verschiedenen Höhen.

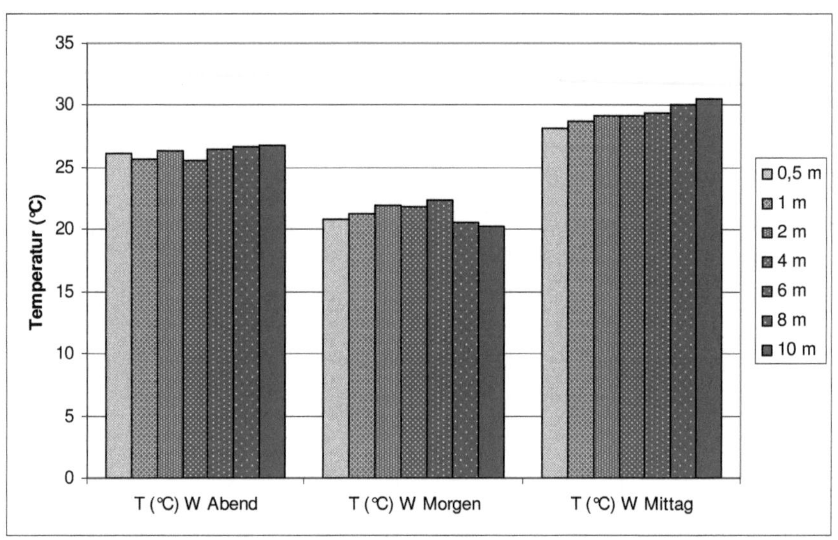

Abbildung 50: Mittlere LST einer Hauswand (Westwand) in verschiedenen Höhen, gemessen mit einer Thermalbildkamera im Juli 2006

Planerische Berücksichtigung der Strahlungsverhältnisse im Städtebau sollten vor allem im Bereich der Besonnung, Wärmewirkung und Beleuchtung stattfinden. Die Auswahl ausreichend besonnter Gebäudestandorte, um die richtige Beleuchtung einzelner Gebäudeteile durch entsprechende Formen und Orientierung des Gesamtgebäudes sowie einzelner Räume zu erreichen, ist entscheidend. Gleichzeitig wird die richtige Wahl der Gebäudeabstände zur Vermeidung gegenseitiger Verschattung und zugleich die Verhinderung übermäßigen Aufheizens angestrebt. Dies kann durch zweckmäßige Anordnung von Vegetation geregelt werden.

IV.4.5 Messungen bei abweichenden Wetterbedingungen

Um die durchgeführten Thermalkameramessungen während strahlungsintensiver Wetterlagen vergleichen zu können, wurden einige wenige Messungen bei abweichenden Wetterlagen durchgeführt.

Bei Windgeschwindigkeiten über 8 m/s verschwinden deutliche Temperaturunterschiede bei der Betrachtung der Oberflächen. Besonders bei Flächen, die weiter als 15 m von der Kamera entfernt sind, sind keine exakten Messungen mehr möglich.

Die geringe Porosität der urbanen Materialien macht es nur vereinzelt möglich, dass Materialien von Niederschlägen nachhaltig beeinflusst werden. Lediglich kurz nach einem Niederschlagsereignis sind aufgrund der Verdunstung, insbesondere bei hohen Lufttemperaturen, geringere LST messbar.
Im Winter, bei gefrorenem Boden, verwischen die Temperaturdifferenzen so stark, dass ohne Kenntnis des Untergrundes keine Aussagen über das thermische Verhalten möglich sind. Bei einer durchgehenden Schneeschicht ist diese Tatsache noch eindeutiger.

IV.5 Zusammenführung beider Untersuchungsmethoden

Die schnelle Verfügbarkeit von Satellitendaten verleitet dazu, oberflächliche Aussagen zu treffen. Eine unkritische Betrachtung der Daten kann zu fehlerhaften Ergebnissen und Lösungen führen.
Wenn die Objekte in der Szene wesentlich kleiner als die Zellauflösung sind, sind sie nicht mehr als individuelle Objekte auszumachen.
Bei einem Erhebungswinkel von ca. 90° besteht die „gesehene“ Oberfläche einer Stadt aus Dächern, Baumkronen, Straßen und offenen Gebieten, wie Parkplätzen, Gärten und Parkanlagen. Bei kleineren Aufnahmewinkeln können auch vertikale Bereiche sichtbar werden. In Städten besitzen Satellitensensoren häufig einen Dächerblick, das heißt, Gebäude sind nur durch die Dächer charakterisiert, was zu falschen Ergebnissen führt (ARNFIELD, 1982).
Die vertikale Seite der Gebäude wird durch Satellitenmessungen meist nicht erkannt, ebenso wie der Boden unter Bäumen. Nur 67 % der Oberflächen, die von den Satelliten erfasst werden, befinden sich wirklich am Boden, die verbleibenden Teile verteilen sich auf 16 % als Baumkronen und 17 % auf das Dachniveau (NICHOL, 1995).

IV.5.1 Temperaturunterschiede innerhalb eines Pixels

Die Nutzung der satellitengestützten Oberflächentemperatur ohne eine Berücksichtigung der Stadtgeometrie ist problematisch. Es wird nahegelegt, dass Beobachtungsmaßstäbe zusammengelegt werden. In der dargelegten Arbeit erfolgt dies durch eine Kombination der Messungen von Satellitensensoren und Aufnahmen mit einer Thermalbildkamera. Obwohl die Messungen nicht zeitgleich erfolgten, können die Ergebnisse miteinander verglichen werden (vgl. Abschnitt IV.5.2).

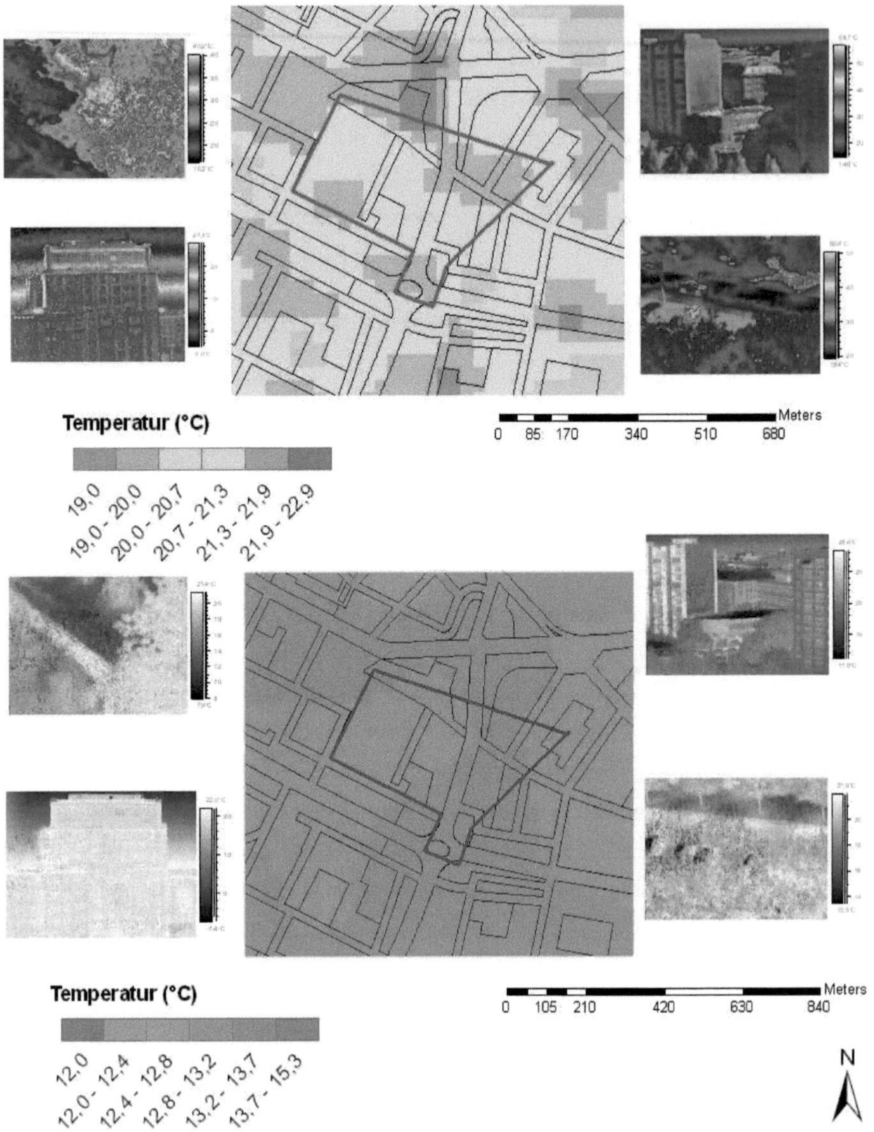

Abbildung 51: Messgebiet der Thermalbildkamera im Satellitenbild, am 15.09.1991, 10.30 Uhr (oben) und 14.09.1991, 21.50 Uhr MEZ (unten)

Im Vordergrund steht nicht die Zuordnung konkreter Temperaturwerte zu einzelnen Flächen, sondern eine qualitative Bewertung der Temperatur der Oberflächen.

Bereits ein erster Blick bei einem Vergleich der Ergebnisse beider Untersuchungsmethoden lässt feststellen, dass die Variabilität der Oberflächentemperaturen der Satellitendaten wesentlich geringer ist als für das gesamte, mit der Kamera betrachtete Gebiet.

Tabelle 18: Vergleich der Temperaturamplituden der Ergebnisse aus Satellitendaten und Thermalkameramessungen

Zeitpunkt der Messung	Temperaturamplitude innerhalb des Untersuchungsgebietes / Satellitendaten	Temperaturamplitude innerhalb des Untersuchungsgebietes / Thermalbildkamera
September, Mittag	2,5 K	>30 K
September Abend	1 K	>13 K

Messungen mit der Thermalbildkamera zeigen eine wesentlich größere Spanne an Temperaturwerten als dies Satellitenaufnahmen zulassen. Die Größenordnung der satellitenbasierten Temperaturen ist hauptsächlich bedingt durch die wesentlich gröbere Auflösung. Temperaturunterschiede von bis zu 2,5 Kelvin innerhalb des beschriebenen Bereiches, abhängig vom Stand der Sonne und der urbanen Morphologie, wurden für den Monat September gemessen. Der Unterschied der Untersuchungsergebnisse besteht insbesondere zwischen horizontalen und vertikalen Flächen. Das Kamerauntersuchungsgebiet besteht aus Straßen, Bebauung mit unterschiedlich hohen Stockwerken, kleineren Grünflächen und Bäumen entlang der Straße. Besonders bei Beobachtungen am Tag, bei hohem Sonnenstand, erscheinen die Dächer als extrem heiße Bereiche, die Temperaturdifferenzen sind zwangsläufig sehr hoch und erreichen Werte von mehr als 30 Kelvin.

Die abgeleiteten Oberflächentemperaturen aus den Satellitendaten und denen der Thermalbildkamera decken sich qualitativ mit Ergebnissen von BARRING ET AL., 1985, ELIASSON, 1992.

Diese Ergebnisse stellen die satellitenbasierte Sicht für kleinräumige Untersuchungen als nicht repräsentativ dar. Die internen Strukturen werden gerade bei großen Polygonen nicht ausreichend wiedergegeben. Höher auflösende Aufnahmen mit besserer zeitlicher und räumlicher Auflösung sind notwendig.

Der Vergleich für Mischpixel in Arealen mit ausgedehnten Waldgebieten ergibt geringere Temperaturschwankungen, größere einheitlich genutzte Gebiete erscheinen homogenisiert.

IV.5.2 Validierung

Mit Hilfe der Kreuzkorrelation konnte ein Zusammenhang zwischen den Thermalkameramessungen sowie den verwendeten Satellitenmessungen festgestellt werden. Trotz unterschiedlicher Aufnahmezeitpunkte sind die Ergebnisse gut miteinander vergleichbar.

Tabelle 19: Korrelation zwischen Sat und Thermalbildkamera Messungen, zu beachten: unterschiedliche Aufnahmezeitpunkte p<0,05000, N15 (fallweiser Ausschluss von MD)

	August 00 Mittag	August 00 Abend	September 91 Mittag	September 91 Abend
August Mittag 05	0,95	0,79	0,94	**0,61**
August Abend 05	**0,80**	0,88	**0,79**	0,78
September Mittag 05	0,99	**0,82**	0,99	**0,67**
September Abend 05	0,90	0,96	0,90	0,88

IV.6 Mikroskalige Modellierung

Nachdem einzelne Oberflächen kleinräumig betrachtet wurden, stellt sich die Frage, welche minimalen Änderungen der klimatischen Gegebenheiten einen positiven Einfluss auf das Temperaturverhalten der Oberflächen haben. Nicht nur eine Verifizierung der vorgenommenen Kameramessungen soll mit Hilfe der Modellierungen stattfinden. Modellierungen mit ENVImet sollen darüber Aufschluss geben, in welchem Umfang Temperaturbeeinflussungen bei minimalen Eingriffen in die aktuelle klimatische Situation möglich sind. Das Programm ENVImet ist aufgrund der freien Verfügbarkeit im Internet und insbesondere angesichts der Fähigkeit zur Berechnung von Temperaturfeldern unter Berücksichtigung des vollständigen Energiehaushaltes der Vegetation ideal für die vorliegende Arbeit.

Beispielhafte Vergleiche der Modellrechungen mit Kameramessungen im Rahmen dieser Arbeit führten zu einem zufriedenstellenden Ergebnis (Temperaturabweichungen lagen bei $\pm$ 2,5–3 Kelvin). Aufgrund der Modellstruktur sind die Modellergebnisse weniger fließend, als die Messergebnisse der Kamera. Fehlende zeitgleiche Verifizierungsmessungen können mit Hilfe von Modellierungen umgangen werden. Im Folgenden werden beispielhaft für eine Vielzahl an Simulationen zwei Situationen dargestellt.

IV.6.1 Modellsituation einer Straße am Tag – 14.40 Uhr und 16.00 Uhr

Die dargestellte Simulation erfolgte für einen Hochsommertag, den 24.07.2007. Beginn der Modellrechnung war 01.00 Uhr morgens, mit einer Anströmrichtung aus West und einer Windgeschwindigkeit von 3 m/s. Der Durchlauf wurde mit einer Lufttemperatur von 288 Kelvin gestartet und über einen Zeitraum von 24 Stunden durchgeführt. Die Angaben zum Raster und den Initialwerten sind im Anhang VII zu finden. Besondere Bedeutung soll der räumlichen Bewertung des klimatischen Einflusses der Vegetation zukommen.

Da die größten Temperaturgradienten während der Sommermonate zu erwarten sind, erfolgt die Simulation für den Monat Juli. Die Modellierung einer Straße im Untersuchungsgebiet wurde mit Hilfe der Software LEONARDO visualisiert. Zu sehen sind Temperaturabsenkungen aufgrund der Abschattung des Bodens durch verschieden hohe Vegetation, im Fall der Modellierung durch unterschiedlich hohe Bäume.

Die Abbildungen 52 und 53 stellen eine visualisierte Straße dar. Zu sehen sind zwei jeweils 5 m breite Straßen, die durch einen begrünten Mittelstreifen voneinander getrennt sind. Der Mittelstreifen ist mit Rasen und je nach Simulationsvorgaben mit zwei großen (20 m) oder zwei kleinen (10 m) Bäumen bewachsen, am nördlichen Ende von einem kleinen Fußweg aus Beton durchzogen. Die Bäume sind laubabwerfend mit dichten Kronen. Die Wiese wird nach Modellvorgaben als Vegetationsbestand auf einer Lehmbodenoberfläche betrachtet.

Abgebildet sind die Oberflächentemperaturen der modellierten Straße in Kelvin zu zwei verschiedenen Zeitpunkten. Die Asphaltflächen zeigen deutlich ihre maximalen Temperaturwerte bei über 319 Kelvin. Je nach Sonnenstand variieren die Größe und die Örtlichkeit der Schattenbildung, dargestellt durch verschieden temperierte Quadrate. Große Bäume erreichen maximale Temperaturabsenkungen von 10 Kelvin, kleinere Bäume von nur 3–4 Kelvin. Die Modellierungen decken sich sehr gut für große Bäume mit den Ergebnissen der Kameramessungen. Anzumerken ist weiterhin, dass der Schattenwurf der großen Bäume nahezu die doppelte Fläche abdeckt, als der der kleineren Bäume und damit für einen bedeutend größeren Bereich die Oberflächentemperaturen senkt.

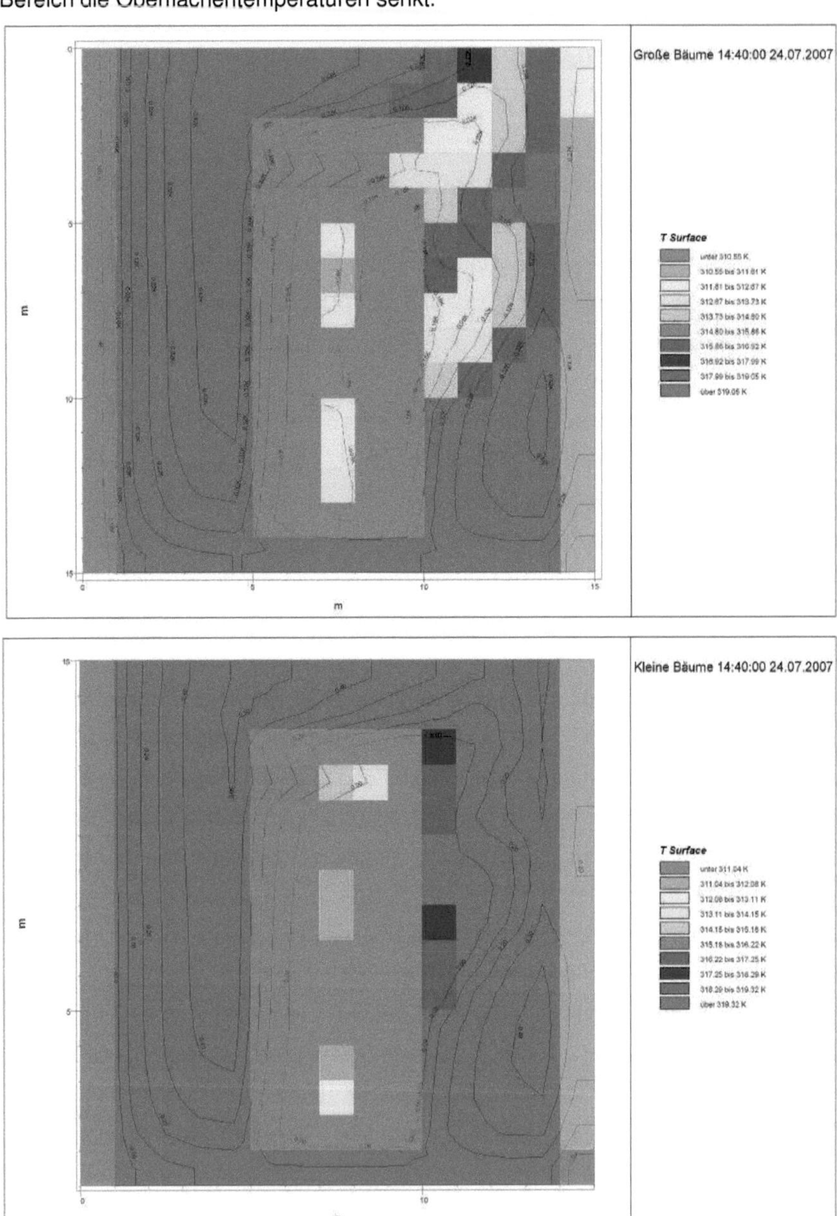

Abbildung 52: Simulation des unterschiedlichen Einflusses großer und kleiner Bäume durch Schattenbildung auf eine Straße am 24.07.2007, 14.40 Uhr

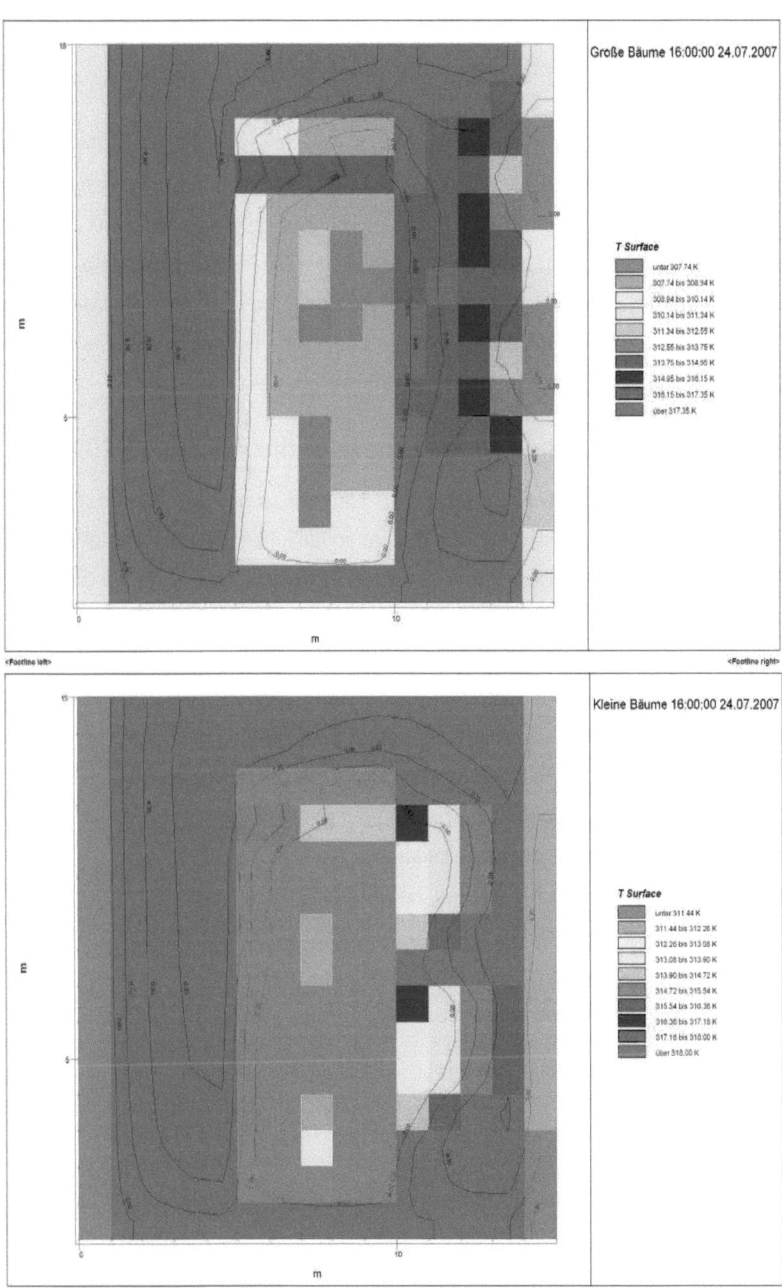

Abbildung 53: Simulation des unterschiedlichen Einflusses großer und kleiner Bäume durch Schattenbildung auf eine Straße am 24.07.2007, 16.00 Uhr

Die positive Wirkung des Baumbewuchses innerhalb einer Straße nimmt im Lauf der Jahre, mit dem Wachstum der Bäume, nachweisbar zu.

Für breite Straßenschluchten (H/W < 0,5 – Straßenbreite und Höhe der Häuser an der Begrenzung) sind große Bäume geeignet, um das Straßenumfeld zu verbessern. Bei schmalen Straßen sind eher kleinwüchsige Bäume geeignet (BOURBIA & AWBI, 2004). Abbildung 53 untermauert diese Aussage. Die Schattenwirkung großer Bäume im Verhältnis zur Straßenbreite ist dadurch begründet, dass Teile der Straße nicht mehr vom Schatten erreicht werden. Bei tief stehender Sonne ist die Schattenwirkung großer Bäume in kleinen Straßen nicht mehr messbar.

IV.6.2 Modellsituation einer Straße in der Nacht – 4.40 Uhr

Die Fortführung der Modellierung führt zur Nachtsituation, für diese zeigt der Bodenwärmestrom den thermischen Zustand anschaulicher, als die Darstellung der Oberflächentemperaturen. Der Bodenwärmestrom ist tagsüber, wenn die oberflächennahen Bodenschichten durch die Sonneneinstrahlung stark erwärmt werden, in die tieferen Schichten gerichtet, während er nachts, wenn die Erdoberfläche aufgrund von Ausstrahlung und negativen Wärmeflüssen sensibler und latenter Wärme auskühlt, nach oben gerichtet ist.

Maximale Temperaturunterschiede zwischen beiden Modellläufen entstehen lediglich durch die eingeschränkte Ausstrahlung bedingt durch die vorhandene Vegetation.

Die Fläche mit geringerem Bodenwärmestrom ist für den Modelllauf mit hohen Bäumen markant größer. Hohe Bäume beeinträchtigen eine größere Fläche der maximal möglichen Ausstrahlung. Die daraus resultierenden höheren Temperaturwerte unter den Bäumen sind im Vergleich zur Temperaturabsenkung am Tag gering und wiegen diese in jedem Fall auf.

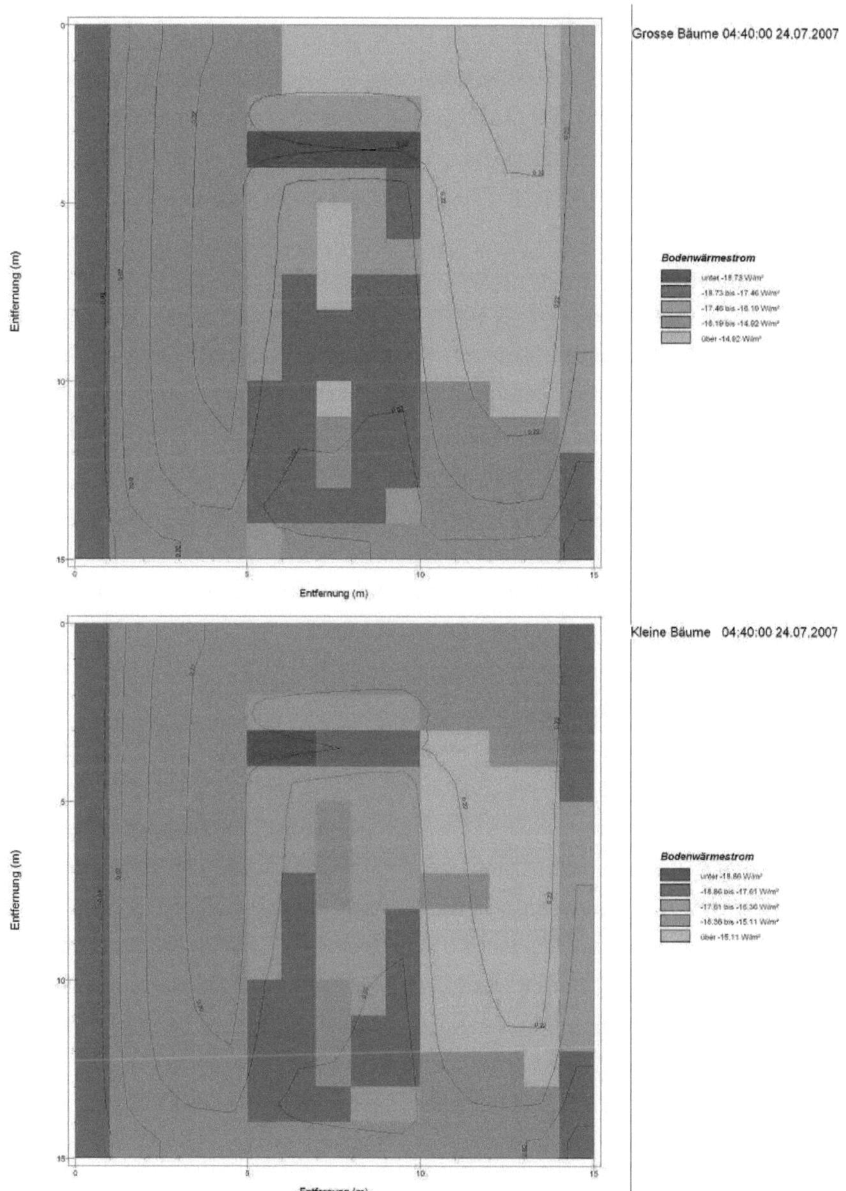

Abbildung 54: Simulation des unterschiedlichen Einflusses großer und kleiner Bäume auf den Bodenwärmestrom einer Straße am 24.07.2007, um 4.40 Uhr

IV.7 Planungsansätze

Ein erster Schritt ist das kollektive Bewusstsein des Einflusses der Verwendung effektiver Materialien und der Aufstockung vorhandener Vegetation, der für die Reduzierung hoher innerstädtischer Temperaturen und ihrer Konsequenzen verantwortlich ist.

Dem Klimaaspekt wird, wie in diversen Literaturstudien gezeigt, in nur geringem Maße Genüge getan (LINQUVIST & MATTSON, 1989, ELIASSON, 2000). Als Erklärung dafür wird häufig angegeben, dass das Klima nur ein Planungsfaktor von vielen ist (ELIASSON, 2000). Weiterhin besteht ein großer Unterschied darin, dass Klimatologen sich auf Messungen und Untersuchungen in Zeiten größter Klimaunterschiede beziehen, meist auf Nachtmessungen während windstiller Wetterlagen. Planer hingegen nehmen als Grundlage häufig Szenarien während des Tages, also zu Zeiten, in denen die Menschen aktiv sind. Absprachen zwischen Wissenschaftlern und Planern könnten viele Probleme beheben. Wichtig ist das Verständnis der Temperaturvariationen aufgrund der Landnutzung, wobei Tag- und Nachtunterschiede ebenso wie jahreszeitliche Schwankungen erfasst werden müssen und nicht nur das Verhalten in Extremsituationen.
Einige mögliche Maßnahmen wären die Schaffung von zusätzlichen Verdunstungsflächen, durch die Begrünung von Dächern, durch die mögliche Temperaturabsenkungen von 15 bis 25 K erreicht werden könnten. Ein einprägsames Beispiel sind Temperaturänderungen durch die Begrünung der Flächen zwischen Straßenbahnschienen. Temperaturabsenkungen bis zu 15 Kelvin sind die Folge. In besonders heißen und trockenen Jahren erwärmt sich das trockene kurze Gras allerdings ähnlich stark wie der herkömmlicherweise verwendete Schotter. Zu solchen Zeiten ist der Kühlungseffekt gegenüber dem Schotterbelag kaum messbar, Bewässerungsmaßnahmen wären notwendig. Nach einem Niederschlagsereignis setzt der Kühleffekt sehr zügig wieder ein (Quelle: eigene Messungen). Als weiteres Beispiel soll die Begrünung eines Parkplatzes genannt werden. Wenn von einer Parkplatzfläche von 20 mal 20 m ausgegangen wird, sinken die Oberflächentemperaturen bereits durch die Anpflanzung von fünf 10 m hohen Bäumen um 5–7 Kelvin. Nach ca. fünf Jahren können aufgrund des Baumwachstums Temperaturabsenkungen für einen Großteil der Parkplatzfläche um 8–9 Kelvin beobachtet werden (Modellierungen mit ENVImet).

Die Diskussion des Schatteneffektes insbesondere aufgrund existierender Vegetation wurde ausführlich geführt, Schattenbildung sollte vordergründig in Bereichen, in denen sich Menschen aufhalten, angestrebt werden, beispielsweise an Bushaltestellen und auf Bürgersteigen. Diese Maßnahmen sind eine brauchbare, kostengünstige Alternative, die eingegliedert werden kann in städtische Gebiete und in die Konstruktion neuer Gebäude, als eine mögliche Strategie zur wünschenswerten Reduzierung des nachteiligen Wärmeinseleffektes. Weniger realistisch wäre das Anlegen kleinerer Parkanlagen, die wenigen vorhandenen Freiflächen werden durch andere Nutzungsarten besiedelt. Auch Eingriffe in die bereits existierende Stadtstruktur sind kaum vorstellbar. Neu geplante Areale sollten einer nachhaltigen klimatischen Analyse unterzogen werden.

Ein positives Beispiel interdisziplinärer Zusammenarbeit war die Darmstädter Energie-Konferenz am 18. April 2008 für energieeffizientes Bauen. Erfahrungsrückflüsse aus der Praxis bildeten die Grundlage der Konferenz.
Messungen für jedes Bauprojekt sind abwegig, aufgrund dessen sind Verallgemeinerungen notwendig.

V. Kapitel

Diskussion und Zusammenfassung

V.1 Diskussion der Ergebnisse

Die zu Beginn formulierten Problemstellungen sollen im Folgenden mit ihren Ergebnissen zusammengefasst und bezüglich ihrer Lösungsansätze hinterfragt werden.

Thermale Informationen städtischer Gebiete und Beziehungen zu thermalen Eigenschaften sind bedeutsam für Problematiken des Klimas, der Hydrologie, Energiebilanz, Energienutzung und Lebensqualität. Landoberflächentemperaturen sind eines der wichtigsten Elemente zur Bestimmung der Oberflächenenergiebilanz und der Klimabedingungen von Ökosystemen. In Städten sind Analysen zu diesen durch extremste Änderungen der Flächennutzung bis in kleinste Raumdimensionen notwendig. Eine Vergleichbarkeit mit anderen Städten als dem Untersuchungsgebiet Berlin ist aufgrund der Betrachtung einheitlicher Strukturen und Materialzusammensetzungen relativ komplikationslos möglich.

Anfängliches Ziel war es, eine räumliche und zeitliche Analyse der Landoberflächentemperaturen über das gesamte Berliner Stadtgebiet unter Verwendung von sechs, zu verschiedenen Zeitpunkten aufgenommenen, Satellitenszenen durchzuführen. Die Ergebnisse demonstrieren die Fähigkeit der Fernerkundung, einige Komponenten der Energiebilanz abzuleiten und sie räumlich darzustellen. Entscheidend ist, dass diese Daten allein nicht ausreichen. Erst die

Kombination mit Landbedeckungsinformationen machen eine Analyse sinnvoll und GIS-gestützte Abbildungen möglich.
Die Analyse deckt thermische Anomalien auf und bezieht diese auf die dort existierenden Oberflächeneigenschaften. Ein Kontrast zwischen einer gut erkennbaren SUHI in der Nacht und vielen kleineren Mikroklimaten am Tag, beeinflusst durch die Oberflächeneigenschaften, ist feststellbar. Große Waldgebiete sind am Vormittag im Süd- und Nordwesten sowie im Südosten der Stadt als kühle Bereiche erkennbar, am Abend ist dieser Effekt weniger stark ausgeprägt. Große Baumkronen verhindern eine schnelle Abkühlung nach Sonnenuntergang in der Nacht bis in die frühen Morgenstunden, tägliche Temperaturschwankungen sind gering. Offensichtlich kühle Flächen am Abend sind vegetationsfreie unversiegelte Flächen, am Tag erwärmen sie sich ungehindert, sehr schnell bei intensiver Einstrahlung. Die innerstädtischen Flughäfen sind weitere auffällige große thermische Bereiche mit hohen Temperaturen. Maximale jahreszeitliche Temperaturspannen zeigt die Übergangsjahreszeit Frühling, mit über 20 Kelvin, durch den Gegensatz des kalten Wassers und den sich schnell aufheizenden Oberflächen der Innenstadt am Tag. Im Herbst kehrt sich dieser Prozess um, die Amplitude ist nicht so ausgeprägt.
Die höchsten Temperaturen treten in den jeweiligen städtischen Teilräumen auf, die sehr dicht bebaut sind und einen sehr hohen Versiegelungsgrad aufweisen. Stark wärmemindernd wirken sich innerstädtische Grün- und Wasserflächen aus. Höchste Überwärmungsraten können in den Sommermonaten und dabei insbesondere während der Nacht beobachtet werden. Auf Grundlage der thermischen Gegebenheiten konnte eine Unterscheidung der Berliner Bezirke vorgenommen werden. Die innerstädtischen Bezirke sind eindeutig als überwärmt darstellbar. Marginalbezirke sind fast grundsätzlich davon ausgenommen. Eine einheitliche thermische Trennung zwischen den Außenbezirken Zehlendorf und Köpenick sowie den Innerstadtbezirken Kreuzberg und Schöneberg ist verifizierbar. Im Bezug auf den Einfluss wohnungsnaher Grünflächen und der Annahme, dass damit eine Verminderung der Temperaturen einhergeht, konnte nicht bestätigt werden.
Es ist möglich, das Vorhandensein bestimmter Stadtstrukturtypen oder auch Materialien mit der Intensität der Oberflächenwärmeinsel zu korrelieren. Flächennutzungsklassen kann individuelles thermisches Verhalten zugeordnet werden. Am Tag sind die Klassen *Verkehr* und *Gewerbe* mit hohen

Temperaturwerten belegt. Das größte Potenzial zeigt die Nutzungsklasse der *vegetationsfreien unversiegelten Areale*.
Handlungsbedarf ergibt sich allerdings besonders für die Nutzungsklasse *Wohngebiet*, die den flächenmäßig größten Anteil einer Stadt an bebauten Gebieten beansprucht. In jedem Bezirk beansprucht diese Klasse mehr als 40 % der bebauten Fläche. Die Konzentration hoher Temperaturen innerhalb dieser Klasse liegt im Bereich der Berliner Innenstadt, für Hinterhöfe und sehr dicht bebaute Gebäude, Gebiete, in denen viele Menschen leben. Dies führt zu der Tatsache, wie wichtig thermische Betrachtungen für den menschlichen Komfort sind. Städtebauliche Maßnahmen sollten in erster Linie den dort lebenden Menschen zugute kommen und ihre Lebensqualität verbessern oder erhalten.
Funktionelle Beziehungen zwischen Flächennutzungstypen, dem Versiegelungsgrad und der Klimavariable – Oberflächentemperatur konnten hergestellt werden. Der Temperaturanstieg je 10 % zusätzlicher Versiegelung ist am Tag geringfügig höher als in der Nacht, für alle Tages- und Jahreszeiten allerdings uneingeschränkt verifizierbar.

Satellitendaten sind eine gute Möglichkeit, um einen Überblick über die Temperaturverhältnisse einer Stadt zu erhalten. Regionen, in denen Handlungsbedarf besteht, können auf diese Weise gefunden werden. Allerdings darf dabei die spezielle Natur der Daten nicht außer Acht gelassen werden. Die Ergebnisse können nicht als exakte Temperaturwerte betrachtet werden. Die Größe und Heterogenität der betrachteten Pixel machen dies unmöglich. Großstädtische Gebiete, die durch kompakte Bebauung und heterogene Flächennutzung gekennzeichnet sind, erfordern in mindestens zweierlei Hinsicht eine hohe Auflösung der zu verwendenden Fernerkundungsdaten. Zum einen ist die hohe geometrische Auflösung der Sensoren notwendig, um Grenzen oder Bestandteile der zu klassifizierenden Objekte räumlich trennen zu können. Zum anderen sind möglichst detaillierte spektrale Informationen wichtig, um die sehr vielfältigen städtischen Oberflächentypen befriedigend zu differenzieren (GREIWE ET AL., 2004). Satellitendaten berücksichtigen die Drei-Dimensionalität der Stadtstrukturen in nicht ausreichendem Umfang. Zusätzliche Bodenmessungen müssen hinzugezogen werden. Kapitel IV.5 zeigt die Variabilität der Temperaturen für Flächen und Bereiche, die von Satellitensensoren nicht gesehen werden können. Die Analyse der

SUHI innerhalb Berlins, mit Hilfe unterschiedlicher Techniken, hat gezeigt, dass eine nur auf Satellitendaten beruhende Bewertung dieses Phänomens nicht ausreichend ist. Die physikalischen Eigenschaften der städtischen Materialien, besonders die Wärmespeicherung und die Durchlässigkeit, haben entschiedenen Einfluss auf die Größe dieser Prozesse. Ein Vergleich beider Untersuchungsmethoden lässt große Unterschiede bezüglich der Temperaturspannen erkennen. Die Tatsache, dass die Aufnahmen der Satellitensensoren nicht zeitgleich mit den Thermalkamera-messungen erfolgten, ist durch die Grundlage der quantitativen Betrachtung der Temperaturdaten akzeptabel. Für sehr kleinräumige Analysen sind Satellitendaten, in der für diese Arbeit verwendeten Auflösung, nicht zu tolerieren. Weitere Informationen konnten aus den zur Verfügung stehenden Satellitenszenen nicht abgeleitet werden. Erkenntnisse zum NDVI wären eine gute Ergänzung zu bioklimatischen Aussagen der durchgeführten Betrachtungen, konnten leider aus Gründen der Datenverfügbarkeit nicht berechnet werden.
Nicht nur die räumliche und temporäre Verteilung der Landoberflächentemperaturen steht im Vordergrund, sondern insbesondere auch die Analyse ihrer Ursachen. Die Verwendung sogenannter Belagsklassen soll hierbei behilflich sein. In Kapitel IV.3 wird illustriert, dass Änderungen in Belagsklasse 2, mit Materialien wie Pflaster, Plattenbelägen und Klinker, die effektivsten Auswirkungen auf hohe Oberflächentemperaturen haben. Dies führt wiederum zu der bereits erwähnten, stark belasteten Flächennutzungsklasse *Wohngebiet*, die zu einem Großteil aus solchen Materialien besteht.

Um auch kleinräumige Aussagen treffen zu können, wurden ausführliche Feldbegehungen mit einer Thermalbildkamera vom Juni 2005 bis September 2006 während ausstrahlungsintensiver Wetterlagen unternommen. Das thermale Verhalten von Materialien wird charakterisiert durch die Oberflächentemperatur, die es erreichen kann und ist somit verknüpft mit der Ausstrahlungsintensität der Materialien. Inwiefern sich ein Material abkühlt, bestimmt der Betrag der Wärmestrahlung, der an die Umgebung zugeführt wird. Markante Unterschiede zwischen anthropogen geprägten Oberflächen, durch andere physikalische Materialeigenschaften, eine daraus folgende erhöhte Energieaufnahme, einer positiven Strahlungsbilanz sowie resultierenden erhöhten Oberflächentemperatur und natürlichen Oberflächen konnten mit Werten über 25 Kelvin gezeigt werden.

Ganzjährig erreichen dabei Materialien zur Dachabdeckung die höchsten Werte, Oberflächenbedeckungen von Straßen, wie Asphalt und Beton, zeigen ähnliche sehr hohe Temperaturen. Die hohen Werte der Dächer in Verbindung mit wesentlich kühleren Werten für Vegetation begründen die Unterschiede zwischen beiden Untersuchungsmethoden.

Rasenflächen zeigen als einzige in der Stadt zu findende Oberflächen eine ganztägig kühlende Wirkung.

Die diskutierte Wirkung des Schattenwurfes der Vegetation sollte vor allem für stark belastete Materialien in Betracht gezogen werden. Die Absenkung der Temperaturen kann für alle untersuchten Oberflächen belegt werden. Senkungen der Temperaturen um bis zu 10 Kelvin sind bei Straßen zu Zeiten maximaler Einstrahlung messbar. Die nächtlichen etwas höheren Temperaturen, verursacht durch die verminderte Ausstrahlung, bedingt durch die überstehende Vegetation, können im Vergleich zur Temperaturabsenkung am Tag in vollem Maße akzeptiert werden.

Die kleinräumige Analyse von Hauswänden mit der Thermalbildkamera ergibt für Südwände um bis zu 10 Kelvin höhere Temperaturen, als für Wände mit anderer horizontaler Ausrichtung gemessen werden können. Diese Erkenntnisse können aus Satellitendaten nicht gezogen werden, sind aber für Planungsansätze besonders für die Nutzungsklasse *Wohngebiet* unerlässlich. Erkenntnisse zu thermischen Eigenschaften der Stadtstruktur sollten in Planungen ebenso wie in Modellen implementiert werden.

Große Veränderungen, wie Modifizierungen der Oberflächengeometrie in bebauten Gebieten, können kaum umgesetzt werden. Andere, kleinräumige Strategien zur Verbesserung des kleinräumigen Klimas sind notwendig.

Die abschließenden Modellierungen sind dazu in der Lage, zum einen die Messungen der Thermalbildkamera zu verifizieren und des Weiteren Änderungen klimatischer Situationen aufzuzeigen. Bäume sind als Schattenspender besonders für Straßen und Plätze geeignet, signifikante Veränderung im thermischen Verhalten können modelliert werden. Wenn Flächen mit Laubbäumen überstellt werden, lassen sie im Frühling und Spätherbst die Strahlung eindringen, schirmen sie aber im Sommer ab. Dies führt zur Verminderung der Temperaturwerte. Die Problematik der Bewässerung von Straßenbäumen kann beispielsweise durch tiefwurzelnde Arten umgangen werden. Bei Fußgängerzonen ist der Platz meist so wertvoll, dass nur das

Aufstellen von Kübelpflanzen sinnvoll und machbar ist. Planungsansätze sollten vor Baubeginn bezüglich ihrer klimatischen Wirkung modelliert und gegebenenfalls geändert werden. Angemerkt werden soll dazu, dass Modellierungen allein keineswegs ausreichen. Ohne vorhergehende Messungen sollte nicht nur auf Simulationen vertraut werden, ausreichendes klimatologisches Wissen sollte in jedem Fall vorausgesetzt werden.

Mit den Ergebnissen, die in dieser Arbeit aufgezeigt werden können, ist ein weiterer wichtiger Schritt für das mikroklimatische Verständnis des Stadtklimas erbracht. Die Aussagekraft der Datenfusion von Satellitendaten und kleinräumigen thermalen Messungen kann gezeigt werden.

Weiterführung könnte in der Nutzung flugzeuggestützter Thermalsensoren über Berlin bestehen, sozusagen als Bindeglied zwischen hochauflösenden Thermalbildaufnahmen bei Vorortmessungen oder Feldmesskampagnen sowie großräumigen Satellitenaufnahmen. Wünschenswert wären vergleichende Messungen von Satelliten und Bodenmessungen, im Idealfall zeitgleiche Messungen. Neuartige Satellitensysteme wie IKONOS und QuickBird ermöglichen mit einer relativ niedrigen Flughöhe eine sehr hohe räumliche Auflösung und gleichzeitig eindeutige Wiedergabe von Schatten. Sinnvoll erscheint insbesondere der Einsatz hyperspektraler Daten bzw. die Ableitung struktureller Informationen aus geometrisch höchstauflösenden Daten. Insbesondere Aussagen zur drei-dimensionalen Struktur der Baukörper und der Vegetation stellen ideale Ergänzungen dar. Die Wichtigkeit der Integration städtischer Landbedeckung und ihrer individuellen Eigenschaften in Modellierungen ist unabdingbar. So sind beispielweise Studien zu Oberflächentemperaturen und ihren Beziehungen zu den darunterliegenden Flächen wünschenswert. Böden mit Potenzial zur längerfristigen Wasserspeicherung lassen sicherlich abweichende Temperaturwerte zu als dies alternative Böden zulassen.

Eine Zusammenführung und Verbindung mit Gesundheitsdaten, also die Ermittlung des Zusammenhangs zwischen Temperatur bzw. Wärme oder Hitze und den unmittelbar messbaren Auswirkungen.

Geodaten werden in vielen Fällen ohne ausreichende Absprachen von verschiedenen Verwaltungen erhoben, gespeichert und gepflegt. Das Wissen über den Umfang, die Verfügbarkeit und die Qualität der Daten ist häufig unzureichend.

Eine effizientere Nutzungsmöglichkeit dieser Daten wäre ohne weiteres möglich und würde die Grundlage für neuere Studien wesentlich vereinfachen.
Erste Anfänge sind gemacht. Der Berliner Senat hat einen Vertrag mit dem Deutschen Wetterdienst (DWD) geschlossen. Im Rahmen dieses Vertrages arbeiten DWD-Wissenschaftler und Stadtplaner zusammen. Ein Grund liegt besonders darin, dass Stadtplaner auf künftige Klimaänderungen und ihre Ausbildung in Witterungsanomalien schnell reagieren müssen. Dazu bedarf es auch des Wissens über die thermische Struktur von Städten.

V.2 Zusammenfassung

Die vorliegende Arbeit wurde vor dem Hintergrund des bekannten Phänomens der städtischen Wärmeinsel verfasst. Weltweit wird die Stadtbevölkerung weiter wachsen und damit einen zunehmenden nachhaltigen Einfluss auf das lokale und zum Teil auch globale Klima haben.

Ziel war es, die thermische Komponente zu verstehen und darstellen zu können. Größte Herausforderung dabei ist es, die Ergebnisse so darzustellen, dass sie auch für Außenstehende nutzbar sind. Ausgehend von der Mesoebene, der Stadt Berlin, hin zur Mikroebene, wurden Untersuchungen thermaler Eigenschaften städtischer Oberflächen durchgeführt.

Die Intensität und räumliche Verteilung der Oberflächenwärmeinsel wurde unter Verwendung von thermalen Fernerkundungsinformationen analysiert. Zwei ASTER- und vier Landsat-Satellitenaufnahmen bildeten dafür die Datengrundlage.

Deutliche Hotspots am Tag bilden industrielle Bereiche und zwar besonders dort, wo Gebäude mit Flachdächern und ausgedehnte gepflasterte Bereiche zu finden sind, aber auch große vegetationsfreie, unversiegelte Flächen zeigen auffällig hohe Werte. Die Temperaturverteilung kann für den Tag als sehr heterogen bezeichnet werden. In der Nacht ist eine deutliche Abgrenzung der eigentlichen City mit hohen Temperaturen von den Randbezirken zu erkennen.

Basierend auf den Resultaten können folgende Punkte zusammengefasst werden. Die durchschnittlichen Werte der Temperaturen innerhalb der Stadt Berlin können bis zu 20 Kelvin differieren, abhängig vom Sonnenstand, der Stadtstruktur und dem Versiegelungsgrad der Oberflächen. Die Korrelationen zwischen der Oberflächentemperatur und der Landnutzung sind am Tag wesentlich ausgeprägter als in der Nacht. Es konnte ein unmittelbarer Zusammenhang zwischen einem hohen Versiegelungsgrad und damit verbundenen hohen Temperaturwerten belegt werden. Die höchste Intensität räumlicher Strukturen ist im Sommer messbar.

Diese Ergebnisse decken sich mit anderen satellitenbasierten Untersuchungen (CARLSON, 1981, PRICE, 1979, VUKOVICH, 1983, LOMBARDO, 1985, KOTTMEIER, 2007).

Die anschließende Analyse der Feldbegehungen mit einer Thermalbildkamera ermöglichte Aussagen über das Mikroklima einer Stadt, bis hin zum thermalen Verhalten einzelner Oberflächen. Es konnte gezeigt werden, dass schon sehr kleinräumige Änderungen die thermischen Gegebenheiten eines Mikroklimas nachhaltig beeinflussen. Das Pflanzen von kleinen Bäumen in einem Straßenabschnitt kann das Klima eines ganzen Straßenzuges verbessern, Temperaturabsenkungen im Bereich der Schattenflächen von 10 Kelvin können erreicht werden. Durch die Ausnutzung der Schattenbildung von Bäumen wird ein signifikant kühlender Effekt erreicht.

Im Mittelpunkt der Planung klimatischer Verbesserungen sollte immer eine nachhaltige Entwicklung stehen. Entscheidungen sollten grundsätzlich in dem Bewusstsein sämtlicher Auswirkungen getroffen werden. Trotz aller Bemühungen auf Seiten der Planer muss immer klar sein, dass Entscheidungen häufig nicht nur auf der Grundlage fundierter Umweltkenntnisse und Hintergründe getroffen werden, sondern auch immer politische oder wirtschaftliche Hintergründe haben. Es ist sinnvoll, das Zusammenspiel zwischen Planern und den Ausführenden, zum Beispiel den Architekten, enger zu gestalten. So kann frühzeitig Einfluss auf die Höhe, die Geometrie von Gebäuden und die daraus resultierenden thermischen Effekte genommen werden. Das Verständnis der spezifischen thermischen Eigenschaften der Gebäude und Straßenmaterialien und die umgebenden Klimabedingungen sind essenziell für sinnvolle Planungsansätze. Wichtig ist die Zusammenarbeit von Planern und Klimatologen, um mit guten Argumenten, Lösungsansätzen und einfach zu bedienenden Tools zu überzeugen.

Ziel war es, das Potenzial einzelner Materialien herauszuarbeiten, um thermische Verhältnisse verbessern zu können. Als allgemeine Kernaussage dieser Arbeit muss die Aufstockung des Vegetationsbestandes, selbst auf kleinstem Raum, getroffen werden. Die Entwicklung großer Schattenbereiche sollte dabei Vorrang haben. Die Umsetzung dieser Maßnahme ist schnell und mit einem relativ geringen Investitionsrahmen durchführbar. Notwendigkeit besteht speziell im Bereich der Wohnstrukturen und der Industrieflächen.

Ein „ideales Stadtklima“ kann realistisch nicht erreicht werden; es besteht aber die Aufgabe der angewandten oder planungsrelevanten Stadtklimatologie darin, diesem Ideal durch die Empfehlung von Maßnahmen zur Minimierung der thermischen und lufthygienischen Belastungen sowie zur stadtklimatisch wirksamen Umfeldverbesserungen möglichst nahezukommen.

Literaturverzeichnis

AGEMA 570 (1996): Handbuch AGEMA 570. Flirs Systems AB.

ALBERTZ, J. (1991): Grundlagen der Interpretation von Luft- und Satellitenbildern. Eine Einführung in die Fernerkundung. Darmstadt.

ALBERTZ, J. (2001): Einführung in die Fernerkundung: Grundlagen der Interpretation von Luft- und Satellitenbildern. 2. Auflage, Darmstadt.

ALEXANDRI, E., JONES, P. (2008): Temperature decreases in an urban canyon due to green walls and green roofs in diverse climates. Building and Environment 43, 480–492.

AKBARI, H. (2002): Shade trees reduce building energy use and CO2 emissions from power plants. Environmental Pollution 116, 119–126.

ARNFIELD, A.J. (1982): An approach to the estimation of the surface radiative properties and radiation budgets of cities. Physical Geography 3, 97–122.

ARNFIELD, A.J. (2003): Two decades of urban climate research: A review of turbulence, exchanges of energy and water, and the urban heat island. International Journal of Climatology 23, 1–26.

ASRAR, G., M. FUCHS, E.T. KANEMASU, HATFIELD, J.L. (1984): Estimating absorbed photosynthetic radiation and leaf area index from spectral reflectance in Wheat. Agronomy Journal 76, 300–306.

BALÁZS, K. (1989): Comparison of low and medium rise housing development in wind tunnel-energy and wind climate aspects. Journal of Wind Engineering and Industrial Aerodynamics 32, 111–120.

BALLING, R.C., BRAZEL, S.W. (1988): High-resolution surface temperature patterns in a complex urban terrain. Photogrammetric Engineering and Remote Sensing, 54 (9), 1289–1293.

BARTON, H. (1996): Planning for sustainable development. In: Greed, C. (Hrsg.) Investigating town planning, Changing perspectives and agendas. Longman, Edingburg, 104–115.

BECKER, F., LI, Z.L. (1993): Feasibility of Land Surface Temperature and Emissivity Determination from AVHRR Data. Remote Sensing of Environment 43, 67–85.

BENISTON, M., TIL, R., S., J. ET AL. (2008): Europe. In: Marzluff, M., Shulenberger, J. E., Endlicher, W. (Hrsg.): Urban Ecology: An International Perspective on the Interaction Between Humans and Nature. Springer, New York.

BfLr (1988): Bodenversiegelung im Siedlungsbereich. Informationen zur Raumentwicklung. Bundesforschungsanstalt für Landeskunde und Raumordnung, Bonn.

BOURBI, F., AWBI, H.B. (2004): Building cluster and shading in urban canyon for hot dry climate. Part 2: shading simulation. Renewable Energy 29(2), 291–301.

BROSI, G. (1977): Der Mensch im Hitzestress. In: Fezer, F. und Seitz, R. (Hrsg.), Klimatologische Untersuchungen im Rhein-Neckar-Raum. Heidelberger Geographische Arbeiten 47, 213–125.

BRUSE, M. (1999): Die Auswirkung kleinskaliger Umweltgestaltung auf das Mikroklima. Entwicklung des prognostischen numerischen Modells ENVImet zur Simulation der Wind-, Temperatur- und Feuchteverteilung in städtischen Strukturen. Ruhr Universität, Bochum.

BRUSE, M. (1999): Modelling and Strategies for improved urban climates. Invited Paper. In: Proceedings International Conference on Urban Climatology & International Congress of Biometeorology, Sydney, 8–12. November, Australien.

BRUSE, M. (2000): Anwendung von mikroskaligen Simulationsmodellen in der Stadtplanung. In: Bernhard, L. und Küger T. (Hrsg.): Simulation raumbezogener Prozesse: Methoden und Anwendung. IfGIprints 9, Institut für Geoinformatik, Universität Münster.

BRUSE, M., SAMAALI, M., COURAULT, D., OLIOSO, A., OCCELLI, R. (2007): Analysis of 3-D boundary layer model at local scale: Validation on soybean surface radiative measurements. Atmopsheric Research 85,183–198.

BUETTNER, K.J.K., KERN, C.D. (1965): The determination of infradred emissivities of terrestrial surfaces. Journal of Geophysics Research 1329–1337.

BYRNE, G.F. (1979): Remotely sensed land cover temperature and soil water status - a brief. Remote Sensing of Environment 8, 291–305.

CARLSON, T.N., DODD, J.K., BENJAMIN, S.G., COOPER, J.N. (1980): Satellite Estimation of the surface Energy Balance, Moisture availability and Thermal Inertia. Journal of Applied Meteorology 20, 67–87.

CARLSON, T.N. (1986): Regional-scale estimates of surface moisture availability and thermal intertia using remote thermal measurements. Remote Sensing Review 1, 197–247.

CARLSON, T.N., ARTHUR, S.T. (2000): The impact of land use – land cover changes due to urbanization on surface microclimate and hydrology: a satellite perspective. Global and Planteary Change 25, 49–65.

CARNAHAN, W.H., LARSON, R.C. (1990): An analysis of an urban heat sink. Remote Sensing of Environment 33, 65–71.

CASELLES, V., GARCIA, L., MELIA, M.J., CUEVA, P. A.J. (1991): Analysis of heat-island effect of the city of Valenica, Spain through air temperature transets and NOAA satellite data. Theoretical and Appplied Climatology 43, 195–203.

CHANDLER, T.J. (1976): Urban climatology and its relevance to urban design. WMO Technical Note No. 149, WMO No. 438, Geneva, Switzerland.

CHENG, K-S., SU, Y-F. ET AL. (2008): Assessing the effect of landcover changes on air temperature using remote sensing images – A pilot study in northern Taiwan. Landscape and Urban Planning 85 (2), 85–96.

CHUDNOVSKY, A., BEN-DOR, E., SAARONI, H. (2004): Diurnal thermal behaviour of selected urban objects using remote sensing measurements. Energy und Buildings 36 (10), 163–1074.

COPPIN, P., JONCKHEERE, I., ET AL. (2004): Digital change detection methods in ecosystems monitoring: A review. International Journal of remote Sensing 25, 1556-1596.

DASH, P., GOTTSCHE, F.-M., ET AL. (2002): Land surface temperature and emissivity estimation from passive sensor data: theory and practice-current trends. International Journal of Remote Sensing 23(13), 2563–2594.

DATCU, S., IBOS, L. ET AL. (2005): Improvement of building wall surface temperature measurements by infrared thermography. Infrared Physics and Technology 46, 451–467.

DIMOUDI, A. NIKOLOPOULOU, M. (2003): Vegetation in the urban environment microclimatic analysis and benefits. Energy and Buildings 35, 69–76.

DOKKEN, D., J., WATSON, R., T. ET AL. (Hrsg.)(1998): The Regional Impacts of Climate Change – An Assessment of Vulnerability. A Special Report of IPCC Working Group II. Published for the Intergovernmental Panel on Climate Change, Cambridge University Press.

DOUSSET, B., GOURMELON, F. (2003): Satellite multi-sensor data analysis of urban surface temperatures and landcover. Journal of Phogrammetry & Remote sensing 58, 43–54.

DUNKEL, M. (2007): Mildes Klima heizt Konjunktur an. In: Financial Times Deutschland vom 16.1.2007.

ELIASSON, I. (1996): Urban nocturnal temperatures, street, geometry and land use. Atmospheric Environment 30, 379–392.

ELIASSON, I. (2000): The use of climate knowledge in urban planning. Landscape and Urban Planning 48, 31–44.

ENDLICHER, W. (1980): Thermalbilder - Möglichkeiten und Probleme ihres Einsatzes in Landschaftsökologie und Stadtklimatologie. In: Vermessungswesen und Raumordnung 42, 58–73.

ENDLICHER, W. (1980): Geländeklimatologische Untersuchungen im Weinbaugebiet des Kaiserstuhls. Offenbach, Berichte des Deutschen Wetterdienstes, 150.

ENDLICHER, W., GOßMANN, H. (Hrsg.) (1986): Fernerkundung und Raumanalyse. Klimatologische und landschaftsökologische Auswertung von Fernerkundungsdaten. Karlsruhe.

ENDLICHER, W. (1988): Thermal Infrared Image Data and its Use for Studies of Local and Regional Climatology. In: Sturman, A. (Hrsg.): Proc. IGU Symposium Topoclimatological Investigation and Mapping Group, 10.-13. August, University of Canterbury, Christchurch, 61–69.

ENDLICHER, W. ET AL. (2006): Heat Waves, Urban Climate and Human Health. In: WANG, W., KRAFFT, T., KRASS, F. (Hrsg.): Global Change, Urbanization and Health. China Meteorological Press, Beijing.

ENDLICHER, W., LANGNER, M., HESSE, M., ET AL. (2007): Urban Ecology Definitions and Concepts. In: Langner, M. & Endlicher, W. (Hrsg.): Shrinking Cities: Effects on Urban Ecology and Challenges for Urban Development. Peter Lang Verlag, Frankfurt.

EPPERSON, D.L., DAVIS, J.M., BLOOMFIELD, P. KARL, A.L., GALLO, K.P. (1995): Estimating the urban bias surface shelter temperatures using upper-air and satellite data. 2. Estimation of the urban bias. Journal of applied Meteorology 34, 358–370.

ERIKSEN, W. (Hrsg.) (1983): Festschrift Wilhelm Lauer zum 60. Geburtstag / mit Beiträgen von Jürgen Bähr. Colloqium Geographicum16, Bonn.

EVANS, M. (1980): Housing, Climate and Comfort. Architectural Press, London.

FENSHOLT, R., SANDHOLT, I. ET AL. (2006): Evaluating MODIS, MERIS and VEGETATION-Vegetation indices using in situ measurements in a semiarid environment. Remote Sensing 44, 1774-1786.

FEZER, F. (1995): Das Klima der Städte. Gotha.

FEZER, F.(1975): Lokalklimatische Interpretation von Thermalbildern. Bildmessung und Luftbildwesen, Heft 4, 152–158.

Flynn, L.P., Harris, A.J.L. Wright, R. (2001): Improved identification of volcanic features using Landsat ETM+. Remote Sensing of Environment, 78, 180–193.

FUGGLE, R.F., OKE, T.R. (1972). Comparison of urban/rural counter and net radiation at night. Boundary Layer Meteorology 2, 290–308.

GALLO, K.P., MACNAB, A.L., KARL, T.R., BROWN, J.F., HODD, J.J., TARPLEY, J.D. (1993): The use of NOAA AVHRR data for assessment of the urban heat island effect. Journal of Applied Meteorology 2(5), 899–908.

GALLO, K.P., ESTERLING, D.R., PETERSON, T.C. (1996): The influence of land use/land cover on climatological values of the diurnal temperature range. Journal of Climate 9, 2941–2944.

GEIGER, R. (1961): Das Klima der bodennahen Luftschicht. Vieweg, Braunschweig.

Gillespie, A. R., Rokugawa, S., Matsunaga, T., Cothern, et al. (1998): A temperature and emissivity separation algorithm for Advanced Spaceborne Thermal Emission and Reflection Radiometer (ASTER) images. Remote Sensing of Environment 36, 1113–1126.

GIVONI, B. (1998): Impact of planted areas on urban environmental quality: A review. Atmospheric Environment 25 B, 289–299.

GLUCH, R. ET AL. (2006): A multi-scale approach to urban thermal analysis. Remote Sensing of Environment 104, 123–132.

GOLDREICH, Y. (1985): The structure of the ground-level heat island in a central business district. Journal of Climate and Applied Meteorology 24, 1237–1244.

GOMEZ, F., TAMARIT, N., JABALOYES, J. (2001): Green zones, bioclimatics studies and human comfort in the future development of urban planning. Landscape an Urban Planning 55, 151–161.

GOßMANN, H. (1984): Satelliten-Thermalbilder – Ein neues Hilfsmittel für die Umweltforschung? In: Bundesforschungsanstalt für Landeskunde und Raumordnung (Hrsg.): Fernerkundung in Raumordnung und Städtebau. Heft 16.

GRIMMOND, C.S.B. (2006): Progress in measuring and observing the urban atmosphere. Theoretical and Applied Climatology 84 (1–3), 2117–2127.

GRÄTZ, A., JENDRITZKY, G., (1995): Preliminary Climatic Study of the Karlsruhe Area: Part 1 - UBIKLIM, A Tool for Climatologically - Related Planning in Urban Environments. In: Höschele, K., Moriyama, M., Zimmermann, H. (Hrsg.): Proceedings of a Japanese-German Meeting: Climate Analysis for Urban Planning, 22–23 September 1994. Forschungszentrum Karlsruhe. Wiss. Berichte FTZKA 5579.

GREIWE, A., BOCHOW, M., EHLERS, M. (2004): Segmentbasierte Fusion geometrisch hochaufgelöster und hyperspektraler Daten zur Verbesserung der Klassifikationsgüte am Beispiel einer urbanen Szene. Photogrammetrie-Fernerkundung-Geoinformation (PFG) 6/2004, 485–494.

GROSS, J. E., NEMANI, R.R. ET AL. (2006): Remote sensing for the national parks. Park Science 24, 30-36.

GUDERIAN, R. (Hrsg.) (2000): Atmosphäre. Handbuch der Umweltveränderungen und Ökotoxologie. Band 1B, Springer, Berlin.

HÄCKEL, H.(1990): Meteorologie, 2. Auflage, Ulmer Verlag, Stuttgart.

HÄCKEL, H. (2005): Meteorologie. 5., völlig überarbeitete Ausgabe, Ulmer Verlag, Stuttgart.

HARTZ, D.A. ET AL. (2006): Linking satellite images and hand-held infrared thermography to observes neighbourhood climate conditions. Remote Sensing of Environmet 104, 190–200.

Helbig A., Baumüller J., Kerschgens M.J. (Hrsg.) (1999): Stadtklima und Luftreinhaltung. 2., vollständig überarbeitete und ergänzte Auflage, Springer Verlag, Heidelberg.

HILDEBRANDT, G. (1996): Fernerkundung und Luftbildmessung. Wichmann Verlag, Heidelberg.

HORBERT, M. (2000): Klimatologische Aspekte der Stadt- und Landschaftsplanung. Schriftenreihe Fachbereich Landschaftsentwicklung und Umweltforschung 113, 1–330.

HOSLER, C.L., LANDSBERG, H. E. (1977): The Effect of localized Man-made Heat and Moisture sources in Mesoscales, Weather Modification. Energy and Climate of Scienes, Washington D.C.

HOWARD, L., (1833): Climate of London deduced from meteorological observations. 3. Auflage, Vol. 1, Harvey and Darton, London.

HOYANO, A. (1984): Relationships between the type of residential area and the aspects of surface temperature and solar reflectance (based on digital image analysis using airborne multispectral scanner data). Energy and Buildings 7, 159–173.

HUANG, L. ET AL. (2008): A fieldwork study on the diurnal changes of urban microclimate in four types of ground cover and urban heat island Naijng, China. Building and Environment 43, 7–17.

HUPFER, P., CHMIELEWSKI, F.M. (1990): Das Klima von Berlin. Beilagen zur Berliner Wetterkarte (KBD), Institut der Freien Universität Berlin.

HUPFER, P., KUTTLER, W. (Hrsg.) (2005): Witterung und Klima – Eine Einführung in die Meteorologie und Klimatologie. 11., überarbeitete und erweiterte Auflage, B.G. Teubner, Stuttgart, Leipzig.

ISAACS, R. G., WANG, W.C., WORSHAM, D.W., GOLDENBERG, S. (1987): Multiple Scattering LOWTRAN and FASCODE Models. Applied Optics 26, 1272–1281. In: KIMBALL, L.M., Investigation of Atmospheric Heating and Cooling Balance Using MODTRAN3. AFOSR Summer Faculty Report, 1995.

JANZEN, D.T. , FREDEEN, A.L. ET AL. (2006): Radiometric correction techniques and accuracy assessment for Landsat data in remote forested regions. Canadian Journal of Remote Sensing 32, 330-340.

JENDRITZKY, G., GRÄTZ, A., (1999): Das Bioklima des Menschen in der Stadt. In: HELBIG, A., BAUMÜLLER, J., KERSCHGENS, M. J., (Hrsg.): Stadtklima und Luftreinhaltung. Springer, Heidelberg, 126–158.

KAHN, M.E. (2006): Green Cities. Urban Growth and the Environment. Brookings Institution Press, Washington, D.C.

KAMP, I. VAN ET AL. (2003): Urban environmental quality and Human well-being: Towards a conceptual framework and demarcation of concepts; a literature study. Landscape and urban planning 65 (1-2), 5–18.

KENNEDY, R. E., TOWNSEND, P. A., ET AL. (2009): Remote sensing change detection tools for natural resource managers: Understanding concepts and tradeoffs in the design of landscape monitoring projects. Remote Sensing of Environment 113, 1382-1396.

KESSLER, A. (1971): Über den Tagesgang von Oberflächen in der Bonner Innenstadt an einem sommerlichen Strahlungstag. Erkunde, Archiv für wissenschaftlichen Geographie 25, 13–20.

KJELGREN, R., MONTAGUE, T. (1998): Urban tree transpiration over turf and asphalt surfaces. Atmospheric Environmet 32 (1), 35–41.

KLEINSCHMIT, B., KIM, H.O. (2005): Use of High Resolution Satellite Imagery for the Analysis of Sealing in the Metropolitan Area Seoul. In: Erasmi, S., Cyffka, B., Kappas, M. (Hrsg.): Remote Sensing & GIS for Environmental Studies: Applications in Geography. Göttinger Geographische Abhandlungen Vol. 113, 281–286.

KNEIZYS, F.X., SHETTLE, L. W, ABREU ET AL. (1988): User guide to LOWTRAN 7. Report AFGL-TR-88-0177, Air Force Geophysics Laboratory Report, Bedford, MA 01731.

KOTTMEIER, C., BIEGERT, C., CORSMEIER, U. (2007): Effects of Urban Land Use on Surface Temperature in Berlin: Case Study. Journal of Urban Planning and Development 133 (2), 128-138.

KRAUS, H. (1987): Specific surface climates. In: Hellwege, K.-H., Madelung, O. (Hrsg.): Landolt-Börnstein: Zahlenwerke und Funktionen aus Naturwissenschaften und Technik. New Series, 5 (4). Klimatologie. Teil 1, 29–92.

KRONBERG, P (1985): Fernerkundung der Erde. Grundlagen und Methoden des Remote Sensing in der Geologie. Ferdinand Enke Verlag, Stuttgart.

KÜHN, F., HÖRIG, B. (1995): Geofernerkundung. Handbuch zur Erkundung des Untergrundes von Deponien und Altlasten. BGR Bundesanstalt für Geowissenschaften und Rohstoffe – Band 1, Springer Verlag, Berlin Heidelberg.

KUEPPERS, L.M. ET AL. (2008): Seasonal temperature responses to land-use change in the western United States. Global and Planetary change 60, 250–264.

KURTZ, J.C. ET AL. (2001): Strategies for evaluating indicators based on guidelines from the Environmental Protection Agency´s Office of Research and Development. Ecological Indicators 1, 49-60.

KUTTLER, W. (2008): The urban Climate – Basic and Applied Aspects. In: Marzluff, M., Shulenberger, J. E., Endlicher, W. (Hrsg.): Urban Ecology: An International Perspective on the Interaction Between Humans and Nature. Springer, New York.

KWARTENG, A. SMALL, C. (2007): Remote Sensing Analysis of Kuwaits City Thermal Environment. Urban Remote Sensing Joint Event, Paris, France.

LAGOUARDE, J.P., MOREAU, P. ET AL. (2004): Airborne experimental Measurements of the angular variations in surface temperature over urban areas: case study of Marseille (France). Remote Sensing of Environment 93, 443–462.

LANDSBERG, H.E. (1981): The Urban Climate. International Geophysics Series 28, Academic Press, New York.

LILLESAND, T.M. & KIEFER, R.W. (1994): Remote Sensing and Image Interpretation. 3. Auflage, John Wiley & Sons, New York.

LINDQVIST, S., MATTSSON, J.O., (1989): Topclimatic maps for different planning levels: some Swedish examples. Building Research and Practice 5, 299–304.

LOMBARDO, M.A. (1985): Heat Island in Metropolitan Areas: A Case Study of São Paul, Hucitec, São Paulo 244.

LÖFFLER, E. (1994): Geographie und Fernerkundung. Eine Einführung in die geographische Interpretation von Luftbildern und moderner Fernerkundungsdaten. 2., neubearbeitete und erweiterte Auflage, Stuttgart.

LÖFFLER, E., HONECKER, U. STABEL, E. (2005): Geographie und Fernerkundung. Studienbücher der Geographie. 3., neubearbeitete und erweiterte Auflage, Berlin, Stuttgart.

Marzluff, M., Shulenberger, J.E., Endlicher, W. et al. (Hrsg.) (2008): Urban Ecology: An International Perspective on the Interaction Between Humans and Nature. Springer, New York.

MATHER, PAUL M. (2004): Computer Processing of Remotely Sensed Images. 3., überarbeitete Auflage, Westsussex, Wiley.

Matzarakis, A. (2001): Die thermische Komponente des Stadtklimas. Wissenschaftliche Berichte des Meteorologischen Institutes der Universität Freiburg, Nr. 6.

MAYER, H. (1987): Ergebnisse aus dem Forschungsvorhaben STADTKLIMA BAYERN. Mitteilungen der Geographischen Gesellschaft in München 72, 119–160.

Mayer, H. (1989): Workshop „Ideales Stadtklima am 26. Oktober 1988 in München. DMG-Mitteilung 3/89. 52–54.

MAYER, H. (1992): Planungsfaktor Stadtklima. Münchner Forum, Berichte und Protokolle Nr. 107, 167–205.

MILLS, G. (2006): Progress towards sustainable settlements: A role for urban climatology. Theoretical and Applied Climatology 84, 69–76.

MINNIS, P., KHAIYER, M. (2000). Anistropy of Land Surface Skin Temperature Derived from Satellite Data. Journal of Applied Meteorology 39, 1117–1129.

MIZUNO, M., KAMETANI, S. SHIMODA, Y. (1995): Waste Heat From Space Cooling Systems – Do The Cooling Systems For Buildings Promote The Urban Heat Islands. In: Höschele, K., Moriyama, M., Zimmermann, H. (Hrsg.): Proceedings of a Japanese-German Meeting: Climate Analysis for Urban Planning, 22–23 September 1994, Forschungszentrum Karlsruhe. Wissenschaftliche Berichte FTZKA 5579.

MORGAN, M.H. (1960): Vitruvius, The Ten Books On Architecture. (De architectura libri decem). Dover Publication, New York.

MORIYAMA, M., MATSUMOTO, M. (1988): Control of urban night temperature in subtropical regions during summer. Energy and Buildungs, Lausanne 11, 213–219.

MUNIER, K., BURGER, H. (2001): Analysis of land use data and surface temperature derived from satellite data for the area of Berlin. In: Jürgens, C. (Hrsg): Remote Sensing of Urban Area. Regensburger Geographische Schriften, Heft 35, 206–221.

MÜLLER, U., KUTTLER, W., TETZLAFF, G. (Hrsg.) (1999): Workshop Stadtklima 17./18. Februar 1999 in Leipzig. Band 13.

NIACHOU, K. LIVADA, I, SANATAMOURIS, M. (2008): Experimental study of temperature and airflow distribution inside an urban street canyon during hot summer weather conditions – part I: air and surface temperatures. Buildung and Environment, (in press 2008).

NICHOL, J.E. (1994): A GIS-based approach to microclimate monitoring in Singapore´s high-rise housing estates. Photogrammetric Engineering and Remote Sensing 60, 1225–1232.

NICHOL, J.E. (1996): High resolution surface temperature patterns related to urban morphology in a tropical city: A satellite based study. Journal of Applied Meteorology 35, 135–146.

NICHOL, J.E. (1998): Visualisation of urban surface temperatures derived from satellite images. International Journal of Remote Sensing 19(9), 1639–1649.

NIKOLOPULOU, M., LYKOUDIS, S. (2006): Thermal comfort in outdoor urban spaces: Analysis across different European countries. Building and Environment 41, 1455–1470.

NORMAN, J.M, BECKER, F. (1995): Terminology in thermal infrared remote sensing of natural surfaces. Agricultural Forest Meteorology 77 (1995), 153–166.

OKE, T.R, YAP, D. (1974): Sensible heat fluxes over an urban area – Vancouver BC. Journal of Applied Meteorology 13, 880–890.

Oke, T.R. (1982): The energetic basis of the urban heat island: comparison of scale model and field observations. Journal of Climatology, 237–254.

OKE, T.R., CLEUGH, H.A. (1987): Urban heat storage derived as energy balance residuals. Boundary Layer Meteorology 39 (3), 233–245.

OKE, T.R. (1989): The micrometeorology of the urban forest. Journal of Philosophical Transactions of Royal Society of London, Series B, 324, 433–444

ONO, A. SAKUMA, F. ET AL. (1996): Preflight and In-Flight Calibration Plan for ASTER. National Research Laboratory of Metrology 13, 312–335.

PARKER, D.E. (2004): Large-scale warming is not urban. Nature 432 (7015), 290.

PARLOW, E. (1989): Erfassung klimarelevanter geoökologischer Daten und Raummuster sensitiver Vegetationszonen, Teil: Boreale Wälder. Konferenzbericht zum Statusseminar des Klimaforschungsprogrammes des BMFT (10.1.–12.1.89). Gesellschaft für Strahlen- und Umweltforschung (GSF), München.

PARLOW, E. (1998)a: Application of satellite data in meteorology and climate research. International Archives of Photogrammetry and Remote Sensing XXXII-7, 646-650.

PARLOW, E. (1998)b: Analysis of urban climates through remote sensing methods. Geographische Rundschau 50 (2), 89-93.

PARLOW, E. (1999): Remotly-sensed heat fluxes of urban areas. In: Dear, R. J. et. al. (Hrsg.): Biometeorology and urban climatology at the turn of the millenium. Selected Papers from the Conference ICB-ICUC 99 (Sydney, 8.–12. November 1999), WMO, Geneva, WCASP-50, 273–278.

PARLOW, E. (2003): The urban heat budget derived from satellite data. Geographica Helvetica 58, 99–111.

PEARLMUTTER, D (1998): Street canyon geometry and microclimate: Designing for urban comfort under arid conditions. Environmental friendly cities, Proceedeings of PLEA´98, Lisbon, 163–166.

Picot, W. (2004): Thermal comfort in urban spaces: impact of vegetation growth Case study: Piazza della Scienza, Milan, Italy. Energy and Building 36, 329–-334.

PIELKE, R.A., ULIASZ, M. (1998): Use of meteorological models as input to regional and mesoscale air quality models-limitations and strengths. Atmospheric Environment 32, 1455-1466.

PLANTAGE (1992): Bewertung der Biotope und Biotoptypen für die Ost-Berliner Stadtbezirke und West-Staaken. Im Auftrag der Senatsverwaltung für Stadtentwicklung und Umweltschutz Berlin.

PONGRACZ, R. BARTHOLY, J., DEZSO, Z. (2006): Remotely sensed thermal information applied to urban climate analysis. Advances in Space Research 37, 2191–2196.

PRADO, R., T., A., FERREIRA, F., L. (2005): Measurement of albedo and analysis of its influence the surface temperature of building roof materials. Energy and Building 37, 295–300.

PRICE, J.C. (1979): Assessment of the heat effect through the use satellite data. Monthly Weather Review 107, 1554–1557.

PRONKEN-SMITH, R.A., OKE, T.R. (1999): Scale modelling of nocturnal cooling in urban parks. Boundary Layer Meteorology 93, 287–312.

PU, R. ET AL. (2006): Assessment of multi-resolution and multi-sensor data for urban surface temperature retrieval. Remote Sensing of Environment 104, 211–225.

QUATTROCHI, D.A., RIDD, M.K. (1994): Measurement and analysis of thermal energy responses from discrete urban surfaces using remote sensing data. International Journal of Remote Sensing 15 (10), 1991–2022.

RAO, P.K. (1972): Remote sensing of urban heat islands from an environmental satellite. Bulletin of the Amerian Meteorological Society 53, 647–648.

RAVAL, A., RAMANATHAN, V. (1989): Oberservational determination of the greenhouse effect. Nature 342, 758–761.

RICHARDS, J.A., JIA, X. (1999): Remote Sensing Digital Image Analysis: An Introduction. Springer, Berlin.

RICHTER, R. (1994): Derivation of temperature and emittance from airborne multispectral thermal infrared scanner data. Infrared Physics and Technology 35, 817–826.

Richter, R. (2006): ATCOR for IMAGINE 9.1 Haze Reduction, Atmospheric and Topographic Correction. User Manual ATCOR 2 and ATCOR 3. Geosystems, Oberpfaffen.

RICHTER, R. (2008): Atmospheric / Topographic Correction for Satellite Imagery. ATCOR-2/3 User guide, Version 6.4., January 2008. DLR – German Aerospace Center, Wesslingen.

RIGO, G. (2006)a: Satellite analysis of radiation and heat fluxes during the Basel Urban Boundary Layer Experiment (BUBBLE). Dissertationsschrift

RIGO, G., PARLOW, E., OESCH, D. (2006)b: Validation of satellite observed thermal emission with in-situ measurements over an urban surface. Remote Sensing of Environment 104, 201–210.

ROSENFELD, A.H., AKBARI, H., BRETZ, S. ET AL. (1995): Mitigation of urban heat islands: materials, utility programs, updates. Journal of Energy and Buildings 22, 255–265.

ROSSOW, W.B., SCHIFFER, R.A. (1999): Advances in understanding clouds from ISCCP. Bulletin of the American Meteorological Society 80, 2261–2288.

ROTH, M., OKE, T.R., EMERY, W.J. (1989): Satellite-derived urban islands from three coastel cities and the utilization of such data in urban climatology. International Journal of Remote Sensing 10 (10), 1699–1720.

SAARONI, H., BEN-DOR, E., (1997): Airborne video thermal radiometry as a tool for monitoring microscale structures of the urban heat island. International Journal of Remote Sensing, 18, 3039–3053 (15).

SALMOND, J. (2005): WMO Bibliography of Urban Climate 1996–1999 (Draft)

SALMOND, J. (2005): WMO Bibliography of Urban Climate 2000–2004 (Draft)

Santamouris M. (Hrsg.) (1999): Energy and Climate in the Urban Built Environment. James and James, London, UK.

SCHÄR, C. ET AL. (2004): The role of increasing temperature variability in European summer heatwaves. Nature 427, 332–336.

SCHERER, D., FEHRENBACH, U. ET AL. (1999): Improved concepts and methods in analysis and evaluation of the urban climate for optimizing urban planning processes. Atmospheric Environment 33, 4185–4193.

SCHNEIDER, S. (1974): Luftbild und Luftbildinterpretation. Lehrbuch der Allgemeinen Geographie-Band 11, Berlin, New York.

SCHNEIDER, T., GOEDECKE, M., LAKES, T. (2007): Berlin Urban and Environmental Information System: Application of remote sensing for planning and governance. In: NETZBAND, M ET AL. (Hrsg.): Applied Remote Sensing for Urban Planning, Governance and Sustainability. Springer, Berlin.

SCHMALZ, J. (1987): Das Stadtklima. Ein Faktor der Bauwerks- und Städteplanung. Karlsruhe, Internationale Bauausstellung Berlin.

SCHUSTER, N., KOLOBRODOV, V., G. (2004): Infrarotthermographie. 2., überarbeitete und erweiterte Auflage, Weinheim.

SENATSVERWALTUNG FÜR STADTENTWICKLUNG (SENSTADT) (2004): CIR-Luftbilder der Senatsverwaltung von Juli 2004 (unveröffentlicht), Berlin.

SHASHUA-BAR, L., HOFFMANN, M.E. (2000): Vegetation as a climatic component in the design of an urban street. Journal of Energy and Buildings 31, 221–235.

SHASHUA-BAR, L., HOFFMANN, M.E. (2003): Geometry and orientation aspects in passive colling of canyon streets with trees. Energy and Buildung 35, 61–68.

SITZER, F., HEINZ, V. (1997): Bestimmung der Überbauungsdichte aus digitalen Satellitenbildern. Regensburger Geographische Schriften, Heft 28, 15–24.

SMALL, C. (2005): Comparative analysis of urban reflectance and surface temperature. Remote Sensing of Environment 104, 168–189.

SONG, C. WOODCOCK, C. E. , SETO, K.C., LENNY, M.P. & MACOMBER, S.A. (2001): Classification and change detection using Landsat TM data: When and how to correct atmospheric effects? Remote Sensing of Environment 20, 121-139.

SOUX, A., VOOGT, J.A., OKE, T.R. (2004): A Model to Calculate what a Remote Sensor `Sees` of an Urban Surface. Boundary Layer Meteorology 112 (2), 401–424.

STRAHLER, A.H., WOODCOCK, C.E. ET AL. (1986): The nature of models in remote sensing. Remote Sensing Environment, 1301–1309.

STADTDIREKTOR DER STADT MÜNSTER (1992): Stadtklima Münster – Werkstattberichte zum Umweltschutz, Münster.

Statistisches Landesamt Berlin (Hrsg.) (2002): Statistisches Jahrbuch 2002. Berlin.

STEINICKE, W., STREIFENEDER, M. (1992): Untersuchung und Darstellung des städtischen Mikroklimas. Zeitschrift Photogrammetrie und Fernerkundung 60, 190–195.

STRATHODOULOU, M, CARTALIS, C.(2007): Daytime urban heat island from Landsat ETM+ and Corine land cover data. An appplication to major cities in Greece. Solar Energy 81, 158–368.

STREUTKER, D.R. (2002): Satellite-measured growth of the urban heat island of Houston, Texas. Remote Sensing of Environment 85, 282–289.

STÜPNAGEL, A.V. (1987): Klimatische Veränderungen in Ballungsgebieten unter besonderer Berücksichtigung der Ausgleichswirkungen von Grünflächen: dargestellt am Beispiel Berlin (West). Technische Universität Berlin, Dissertationsschrift.

SUKOPP, H., KOWARIK, I. (1983): Städtebauliche Ordnung aus der Sicht der Ökologie. VDI-Bericht Düsseldorf 477, 163–172.

SUKOPP, H., WEILER, S. (1986): Biotopkartierung im besiedelten Bereich der Bundesrepublik Deutschland. Landschaft und Stadt 18 (1), 25–38.

SUKOPP, H. WITTIG, R. (Hrsg.)(1998): Stadtökologie. Ein Fachbuch für Studium und Praxis. 2. Auflage, Stuttgart.

SVENSSON, M.K., ELIASSON, I. (2002): Diurnal air temperatures in built-up areas in relation to urban planning. Landscape and Urban Planning 61, 37–54.

TERJUNG, W.H., LOUIE, S.S.F. (1973). Solar radiation and urban heat island. Annals of the Association of American Geographers. Washington 63, 181–207.

TOLLNER, H. (1932): Untersuchungen über die Temperaturverteilung in der Stadt Wien im Sommer 1931. Sitzungsbericht der Wiener Akademie der Wissenschaft Math.-Nat. Kl. IIa, 141, 1–31.

TREITZ, P.M., HOWARTH, P.J., GONG, P. (1992): Application of satellite and GIS technologies for land-cover and land-use mapping at the rural-urban Fringe: A Case Study. Photogrammetric Engineering and Remote Sensing 58, 439–448.

VALOR, E., CASELLES, V. (1996): Mapping land surface emissivity from NDVI: application to European, African and South American areas. Remote Sensing of Environment 57, 167–184.

Verein Berliner Wetterkarte (2001): Berliner Wetterkarte. Jahrgang 50, Hefte 65, 153 und 208.

VOOGT, J.A., OKE, T.R. (1997): Complete Urban surface Temperatures. Remote Sensing of Environment 36, 1117–1132.

VOOGT, J.A., OKE, T.R. (1998): Effects of urban surface geometry on remotely-sensed surface temperature. International Journal of Remote Sensing 19, 895–920.

VOOGT, J.A., GRIMMOND, C.S.B., (2000): Modelling surface sensible heat flux using surface radiative temperatures in a simple urban area. Journal of Applied Meteorology 39, 1679–1699.

Voogt, J.A., Oke, T.R. (2003): Thermal remote sensing of urban climates. Remote Sensing of Environment 86, 370–384.

VUKOVICH, F.M. (1983): An Analysis of the Ground Temperature and Reflectivity Pattern about St. Louis Missouri, using HCMM Satellite Data. Journal of Applied Meteorology 22(4), 560–572.

Wagner, D. (1994): Wirkung regionaler Klimaänderungen in urbanen Ballungsräumen. Spezialarb. A.d.AG Klimaforschung, Meteorologisches Institut, Humboldt-Universität zu Berlin 7, 7–14 .

WESSOLEK, G., ENDLICHER, W., LANGNER, M. ET AL. (2007): Urban Ecology – Definitions and Concepts, In: Langner, M. and Endlicher, W. (Hrsg.): Shrinking Cities: Effects on Urban Ecology and Challenges for Urban Development. Frankfurt, 1–15.

WEISCHET, W. (1975): Stadtklimatologische Konsequenzen von Line-Scanner-Aufnahmen der Oberflächentemperaturen im Tagesgang (Beispiel Freiburg i.Brsg.). Symposium Erderkundung, DFVLR (Hrsg.): Köln-Porz, 459–467.

WEISCHET, W., NÜBLER, W., GEHRKE, A. (1977): Der Einfluss von Baukörperstrukturen auf das Stadtklima am Beispiel von Freigburg/Br. Franke (Hrsg.): Stadtklima. Stuttgart, 39–63.

WEISCHET, W. (1995): Einführung in die Allgemeine Klimatologie. Teubner Studienbücher Geographie, Berlin, Stuttgart.

WEISCHET, W., ENDLICHER, W. (2000): Regionale Klimatologie, Teil 2. Die Alte Welt. Europa, Afrika, Asien. Stuttgart, Leipzig.

WENG, Q. (2003): Fractal Analysis of Satellite Detected Urban Heat Effect. Photogrammetrie Engineering and Remote Sensing 69, 555–566.

WENG, Q., QUATTROCHI, D. (2004)a: Urban Remote Sensing. Taylor & Francis Group, LLC.

WENG, Q., QUATTROCHI, D. (2006): Thermal remote sensing of urban areas: An indroduction to the special issue. Remote Sensing of Environment 104, 119-122.

WENG, Q., LU, D. SCHUBRING, J. (2004)b: Estimation of land surface temperature-vegetation abundance relationship for urban heat island studies. Remote Sensing of Environment 86, 303–321.

WESSOLEK G., REGNER, M (1998): Bodenwasser- und Grundwasserhaushalt. In: Sukopp H, Wittig R (Hrsg): Stadtökologie. 2. Auflage, Gustav Fischer, Stuttgart, Jena, 186–200.

WIELICKI, B.A., HARRISON, E.F., ET AL. (1995). Mission to Planet Earth: Role of clouds and Radiation in Climate. Bulletin of the American Meteorological Society 76, 2125–2153.

Wienert, U. (2002): Untersuchungen zur Breiten- und Klimazonenabhängigkeit der urbanen Wärmeinsel: Eine statistische Analyse. Essener Ökologische Schriften, Vol. 16, Essen.

WILMERS, F. (1972): Temperaturstudien in Gartenhöfen. In: Das Gartenamt. Heft 12, 677–681.

WILMERS, F. (1991): Effects of Vegetation on Urban Climate and Buildings. Energy and Buildings 15 (3-4), 507–514.

WLOCZYK, C., RICHTER, R. ET AL. (2003): Beiträge aus der Fernerkundung zur Bereitstellung von Parametern für die agrarmeteorologischen Prozessmodellierung. In: Dech, S.W. (Hrsg.): Tagungsband 20. DFD-Nutzungsseminar 6.–8.10.2003, Neustrelitz.

XIAN, G., CRANE, M. (2006): An analysis of urban thermal characteristics and associated land cover in Tampa bay and Las Vegas using satellite data. Remote Sensing of Environment 104, 147–156.

Internetquellen (mit letztem Zugriffsdatum)

DWD (2008): Wetterlexikon des Deutschen Wetterdienstes. Auf: http://www.dwd.de/bvbw/appmanager/bvbw/dwdwwwDesktop?_nfpb=true&_pageLabel=dwdwww_menu2_wetterlexikon. Zugriff am: 16.10.2008

IPCC (2001): Climate Change 2001 Intergovernmental Panel on Climate Change Third Assessment Report. Auf: http://www.grida.no/climate/ipcc_tar/. Zugriff am : 03.04.2008

NASA Jet Propulsion Laboratory. ASTER Advanced Spaceborne Thermal Emission and Reflection Radiometer. ASTER Instrument Characteristics. Auf: http://asterweb.jpl.nasa.gov/characteristics.asp; Zugriff am 16.10.2007.

SENATSVERWALTUNG FÜR STADTENTWICKLUNG (SENSTADT) (1993): Digitaler Umweltatlas Berlin. 01.02 Versiegelung. Auf: www.stadtentwicklung.berlin.de/umwelt/umweltatlas/i102.htm. Zugriff am 12.08.2007.

SENATSVERWALTUNG FÜR STADTENTWICKLUNG (SENSTADT) (2002): Digitaler Umweltatlas Berlin. 06.07 Stadtstruktur. Auf: www.stadtentwicklung.berlin.de/umwelt/umweltatlas/din_607.htm. Zugriff am 10.09.2007.

SENATSVERWALTUNG FÜR STADTENTWICKLUNG (SENSTADT) (2004): Digitaler Umweltatlas Berlin. 01.02 Versiegelung. Auf: www.stadtentwicklung.berlin.de/umwelt/umweltatlas/ia102.htm. Zugriff am 10.04.2008.

SENATSVERWALTUNG FÜR STADTENTWICKLUNG (SENSTADT) (2001): Digitaler Umweltatlas Berlin. 07.01 Verkehrsmengen Auf: www.stadtentwicklung.berlin.de/umweltatlas/d803_03.htm. Zugriff am 14.11.2007.

SENATSVERWALTUNG FÜR STADTENTWICKLUNG (SENSTADT) (1995): Digitaler Umweltatlas Berlin. 06.07 Stadtstruktur (SE) Auf: www.stadtentwicklung.berlin.de/umwelt/umweltatlas/i607.htm. Zugriff am 04.08.2008.

SENATSVERWALTUNG FÜR STADTENTWICKLUNG (SENSTADT) (2005b): Eine Beschreibung der im Informationssystem Stadt und Umwelt (ISU) der Senatsverwaltung für Stadtentwicklung erfassten und verwalteten Struktur- und Flächennutzungskategorien von Berlin. .pdf Auf: http://www.stadtentwicklung.berlin.de/umwelt/umweltatlas/db607_03.htm#lk9. Zugriff am 04.08.2008.

SENATSVERWALTUNG FÜR STADTENTWICKLUNG (SENSTADT): Digitaler Umweltatlas Berlin. 04 Klima. Auf: http://www.stadtentwicklung.berlin.de/umwelt/umweltatlas/dinh_04.htm. Zugriff am 04.07.2008.

SENATSVERWALTUNG FÜR GESUNDHEIT, UMWELT UND VERBRAUCHERSCHUTZ
Das Landesenergieprogramm Berlin 2006–2010. Auf:
http://www.berlin.de/sen/umwelt/klimaschutz/landesenergieprogramm/ Zugriff am 01.07.2008.

SENATSVERWALTUNG FÜR STADTENTWICKLUNG (SENSTADT):
Digitaler Umweltatlas Berlin. 01.02 Versiegelung. Auf:
http://www.stadtentwicklung.berlin.de/umwelt/umweltatlas/da102_03.htm#Tab2. Zugriff am 15.05.2008

Städtebauliche Klimafibel (2007). Hinweise für die Bauleitplanung. Wirtschaftministerium von Baden-Würtemberg. Auf: www.staedtebauliche-klimafibel.de. Zugriff am 02.04.2007.

UNFPA United Nations Population Fund. State of world population 2007. Auf:
http://www.unfpa.org/swp/2007/english/introduction.html. Zugriff am 10.08.2007.

WETTERKARTE des Meteorologischen Institutes Berlin, Wetterkarte Berliner Wetterkarte e.V. Auf: http://wkserv.met.fu-berlin.de/Wetter/wetter.htm. Zugriff vor jedem Messdurchgang.

WetterOnline, Internetportal zur Wettervorhersage und zum aktuellen Wettergeschehen. Auf:
http://www.wetteronline.de/Berlin/Berlin.htm. Zugriff vor jedem Messdurchgang.

Anhang I Flächennutzungsklassen

Bauliche Nutzung (WOZ)

10	Wohngebiet
21	Mischgebiet I (Wohnen, Handel, Dienstleistungen, Gewerbe)
22	Mischgebiet II (überwiegend produzierendes Gewerbe)
23	Mischgebiet I (nur Ost-Berlin, überwiegend Kleingewerbe)
30	Kerngebiet
40	Gewerbe- und Industriegebiet
50	Gemeinbedarfs- und Sondernutzungen
60	Ver- und Entsorgungseinrichtungen
70	Wochenendhausgebiet
80	Verkehrsfläche
90	Baustelle

Grünnutzung (GRZ)

100	Wald
101	Waldgebiet
102	Waldartige Bestände außerhalb der Berliner Forsten
110	Gewässer
121	Grünland (Wiesen u. Weiden)
122	Ackerland
130	Park, Grünfläche
140	Stadtplatz/Promenade (Versiegelung >= 30%)
150	Friedhof
160	Kleingarten
161	Kleingarten (Anteil Dauerbewohner <= 10%) nur Ost-Berlin
162	Kleingarten (Anteil Dauerbewohner > 10%) nur Ost-Berlin
171	Brachfläche, vegetationsfrei, unversiegelt
172	Brachfläche, wiesenartiger Vegetationsbestand
173	Brachfläche, Mischbestand aus Wiesen, Gebüsch und Bäumen
174	Brachfläche, waldartiger Vegetationsbestand
180	Campingplatz
190	Sportplatz/Freibad (inkl. Wassersport, Tennis, Reiten etc.)
200	Baumschule/Gartenbau

Flächentypen (TYP)

1	Geschlossener Hinterhof
2	Hinterhof
3	Schmuck- und Gartenhof
4	Sanierung der Entkernung
5	Behutsame Sanierung
6	Schuppenhof
7	Nachkriegsblockrand
8	Ungeordneter Wiederaufbau
9	Hochhaus, Großsiedlung
10	Großhof und Zeilenbebauung der 20er- und 30er-Jahre (im Ostteil nur Großhof)
11	Zeilenbebauung seit den 50er-Jahren
12	Altbau-Schule (Baujahr vor 1945)
13	Neubau-Schule (Baujahr nach 1945)
14	Schule
15	Wassersport
21	Dorf
22	Reihengarten
23	Garten
24	Parkartiger Garten
25	Gärten und halbprivate Umgrünung
26	offene Siedlungsbebauung
27	Friedhof
28	Sportanlage
29	Kerngebiet
30	Gewerbegebiet mit geringer Bebauung
31	Gewerbegebiet mit dichter Bebauung
32	Flächen der Ver- und Entsorgung
33	Mischgebiet II mit geringer Bebauung
34	Kleingartenanlage mit niedrigem Erschließungsflächenanteil
35	Kleingartenanlage mit hohem Erschließungsflächenanteil
36	Baumschule/Gartenbau
37	Kleingartenanlage allgemein
38	Mischgebiet II mit dichter Bebauung
39	Mischgebiet I (z.B. Gaststätten)

41	Sicherheit und Ordnung
42	Post
43	Verwaltung
44	Hochschule und Forschung
45	Kultur
46	Krankenhaus
47	Kindertagesstätte
49	Kirche
50	Seniorenheim
51	Jugendfreizeitheim
53	Grünanlage/Park
54	Stadtplatz/Promenade
55	Wald
56	Landwirtschaft
57	Brachfläche
58	Campingplatz
59	Wochenendhäuser
60	Gemeinbedarf allgemein
71	Plattenbausiedlung der 80er- und 90er-Jahre
72	Zeilenbebauung der 20er- und 30er-Jahre (nur Ost-Berlin)
73	Siedlung der 90er-Jahre kompakt >= 4 Geschosse (Geschosswohnungsbau)
74	Siedlung der 90er-Jahre aufgelockert < 4 Geschosse (Reihen-, Einzel-, Doppelhäuser)
91	Parkplatz
92	Bahnanlagen
93	Flughafen
94	Sonstige Verkehrsfläche
98	Baustelle
99	Gleiskörper
100	Gewässer

Anhang II Beschreibung der aufgenommenen Ausschnitte

Die abgebildeten Beispiele der Thermalmessungen wurden am 13.07.2006, um 13.00 Uhr MEZ aufgenommen

Szene 1

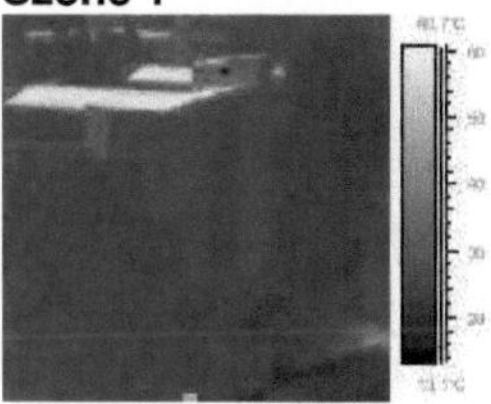

Bürogebäude

Stadtstruktur: Zeilenbebauung seit den 50er-Jahren

Exposition: West- und Nordseite; Entfernung von der Kamera: 15 m

Untersuchte Materialien: Betonwand in verschiedenen Höhen, Dach aus Teerpappe, *anthropogene Materialien*

Szene 2

Wohnhaus

Stadtstruktur: Zeilenbebauung seit den 50er-Jahren

Exposition: Westseite; Entfernung von der Kamera: 15 m

Untersuchte Materialien: verschieden farbige Betonwand, Dach aus Teerpappe, *anthropogene Materialien*

Szene 3

Wohnhaus

Stadtstruktur: Zeilenbebauung seit den 50er-Jahren

Exposition: West- und Südseite; Entfernung von der Kamera: 15 m

Untersuchte Materialien: verschieden farbige Betonwand, Dach aus Teerpappe, *anthropogene Materialien*

Szene 4

Wohnhaus

Stadtstruktur: hohe Bebauung der Nachkriegszeit und Zeilenbebauung seit den 50er-Jahren

Exposition: Südseite; Entfernung von der Kamera: 25 m

Untersuchte Materialien: verschieden farbige Betonwand, *anthropogene Materialien*

Szene 5

Elektrohausdach und Vegetation

Stadtstruktur: Bebauung mit überwiegender Nutzung Handel und Dienstleistungen

Exposition: keine; Entfernung von der Kamera: 10 m

Untersuchte Materialien: Betonsteine (Schatten und Sonne), Wiese (Schatten und Sonne), Dach mit Teerpappe, *anthropogene und natürliche Materialien*

Szene 6

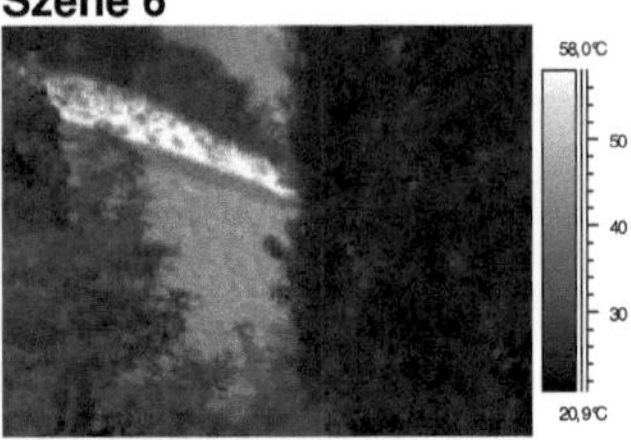

Vegetation

Exposition: keine; Entfernung von der Kamera: 10 m

Untersuchte Materialien: Sand (Schatten und Sonne), Erde mit geringem Bewuchs, *natürliche Materialien*

Szene 7

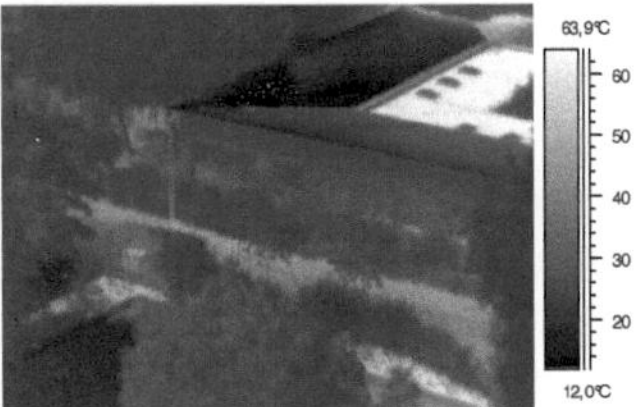

Kita, Straße, Vegetation

Stadtstruktur: Bebauung mit überwiegender Nutzung Handel und Dienstleitungen

Exposition: Westseite; Entfernung von der Kamera: 12 m

Untersuchte Materialien: Erde mit geringem Bewuchs, Betonwand (Schatten und Sonne), Asphalt, Wellblechdach, Dach aus Teerpappe

Szene 8

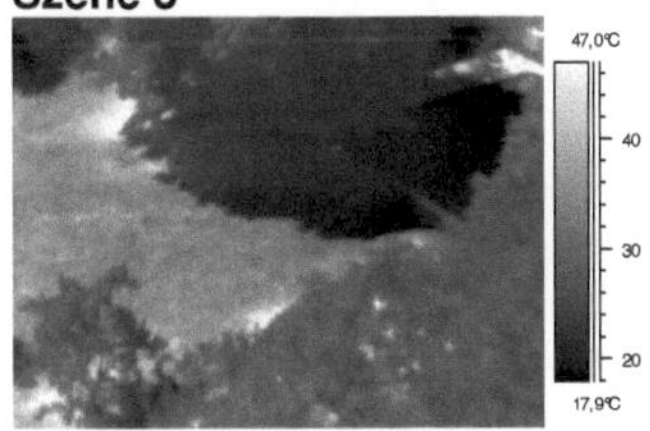

Vegetation, Sand

Exposition: keine; Entfernung von der Kamera: 10 m

Untersuchte Materialien: Sand (Schatten und Sonne), Wiese (Schatten und Sonne), Betonrandsteine, *natürliche und anthropogene Materialien*

Szene 9

Wohnhaus

Stadtstruktur: Zeilenbebauung seit den 50er-Jahren

Exposition: Nord- und Ostseite; Entfernung von der Kamera: 20 m

Untersuchte Materialien: Fassadenwand, *anthropogene Materialien*

Szene 10

Wohnhaus

Stadtstruktur. Hohe Bebauung der Nachkriegszeit

Exposition: Nordseite; Entfernung von der Kamera: 15 m

Untersuchte Materialien: Betonwand, *anthropogene Materialien*

Szene 11

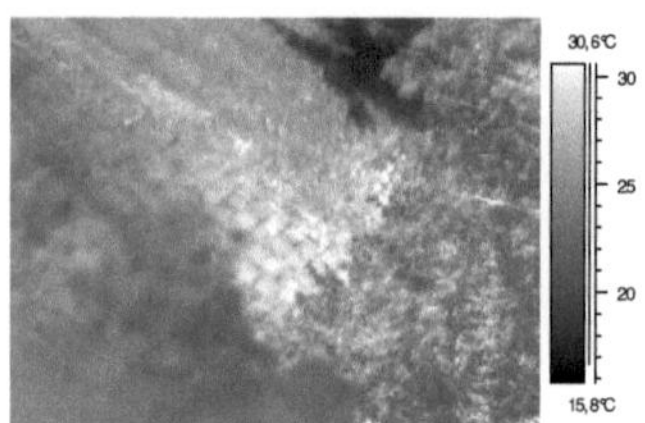

Erdoberfläche, Vegetation, Randsteine

Exposition: keine; Entfernung zur Kamera: 10 m

Untersuchte Materialien: Wiese (Schatten und Sonne), Betonsteine, *anthropogene und natürliche Materialien*

Szene 12

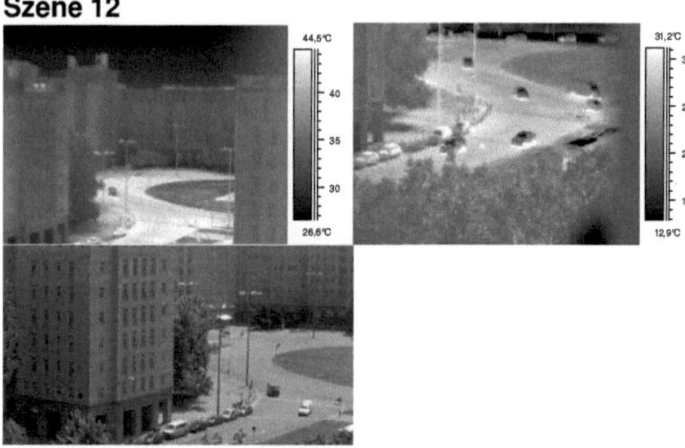

Wohnhaus, große Kreuzung

Stadtstruktur: Hohe Bebauung der Nachkriegszeit

Exposition: Ost- und Nordseite, teilweise keine; Entfernung zur Kamera: 25 m

Untersuchte Materialien: Betonwände in verschiedenen Höhen, Asphalt, Betonsteine (Schatten und Sonne), Wiese, *anthropogene und natürliche Materialien*

Szene 13

Wohnhaus

Stadtstruktur: hohe Bebauung der Nachkriegszeit

Exposition: Westseite; Entfernung zur Kamera: 20 m

Untersuchte Materialien: Fassadenwand in verschiedenen Höhen, *anthropogene Materialien*

Szene 14

Bürogebäude, Wohnhaus

Stadtstruktur: Bebauung mit überwiegender Nutzung Handel und Dienstleistung und Zeilenbebauung seit den 50er-Jahren

Exposition: Süd- und Westseite; Entfernung von der Kamera: 15 m

Untersuchte Materialien: Betonwand (Schatten und Sonne), Dachziegel, Dach mit Teerpappe, *anthropogene Materialien*

Szene 15

Kreuzung, Straße, Vegetation

Exposition: keine; Entfernung zur Kamera: 10 m

Untersuchte Materialien: Asphalt (Schatten und Sonne), Betonsteine, Wiese (Schatten und Sonne), *anthropogene und natürliche Materialien*

Szene 16

Straße und Erdoberfläche

Exposition: keine; Entfernung zur Kamera: 10 m

Untersuchte Materialien: Asphalt (Schatten und Sonne), Wiese (Schatten und Sonne), *anthropogene und natürliche Materialien*

Szene 17

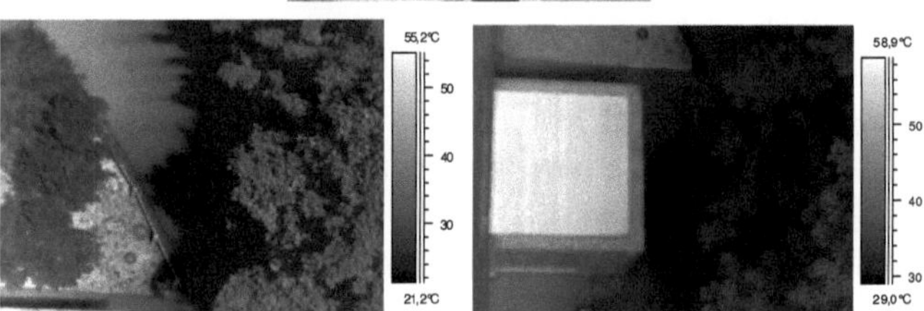

Gehwegsteine und Begrenzung

Exposition: keine; Entfernung zur Kamera: 10 m

Untersuchte Materialien: Betonsteine (Schatten und Sonne), Erde mit geringem Bewuchs, Holzzaun, Vordach mit Teerpappe, *anthropogene und natürliche Materialien*

Szene 18

Gehwegsteine und Vegetation

Exposition: keine; Entfernung zur Kamera: 10 m

Untersuchte Materialien: Betonsteine (Schatten und Sonne), Erde mit geringem Bewuchs, Holzzaun, *anthropogene und natürliche Materialien*

Anhang III Verwendete Emissionskoeffizienten

Material	Emissionsgrad
Betonwand	0,94
Betonsteine	0,95
Wiese	0,97
Teerpapier	0,92
Dachziegel	0,90
Sand / Kies	0,91
landwirtschaftliche Kulturen	0,94
Wellblechdach	0,34
Asphalt	0,96
Holz	0,94
Fassade / Kunststoff / Keramik	0,95
Farbe (je nach Helligkeit)	0,9–0,98

(Die Angaben gelten für den Wellenlängenbereich von 8 bis 14 µm)

Diese Zusammenstellung basiert auf verschiedenen Literaturquellen: (Helbig 1999, Buettner & Kern, 1965, Geiger, 1961 und Hosler & Landsberg, 1977).

Anhang IV Wetterverhältnisse während der Thermalbildmessungen

Datum	Uhrzeit	Luft-temperatur	Bewölkung	Luft-feuchte	Wind	Sonnenauf- und -untergang	Sonnen-stunden
16.06.2005							
16.06.2005	13.00 Uhr	26 °C	fast wolkenlos	43%	7 km/h	4.42 Uhr	12
16.06.2005	22.00 Uhr	23 °C	wolkig	55%	fast windstill	21.32 Uhr	
17.06.2005							
17.06.2005	4.20 Uhr	18 °C	fast wolkenlos	60%	6 km/h (SW)	4.42 Uhr	17
17.06.2005						21.32 Uhr	
19.06.2005							
19.06.2005						4.43 Uhr	
19.06.2005	21.45 Uhr	21 °C	fast wolkenlos	60%	fast windstill	21.33 Uhr	11
20.06.2005	4.30 Uhr	15 °C	wolkenlos	83%	windstill	4.43 Uhr	
20.06.2005	13.00 Uhr	24 °C	fast wolkenlos	40%	11 km/h	21.33 Uhr	16
20.06.2005	21.45.Uhr	25 °C	wolkenlos	50%	18 km/h		
21.06.2005	4.30 Uhr	18 °C	wolkenlos	63%	5 km/h		
21.06.2005						4.42 Uhr	12
21.06.2005						21.34 Uhr	
22.06.2005							
22.06.2005						4.43.Uhr	7
22.06.2005	21.45 Uhr	21 °C	heiter	51%	11 km/h	21.34 Uhr	
23.06.2005							
23.06.2005	13.00 Uhr	24 °C	wolkenlos	42 °C	7 km/h	4.43.Uhr	16
23.06.2005	21.45 Uhr	25 °C	fast wolkenlos	46%	7 km/h	21.34 Uhr	
24.06.2005	4.30 Uhr	20 °C	fast wolkenlos	64%	12 km/h		
24.06.2005							10
24.06.2005							
26.06.2005							
26.06.2005							15
26.06.2005	21.50. Uhr	22 °C	wolkenlos	45%	5 km/h		
27.06.2005	4.30 Uhr	17 °C	wolkenlos	73%	7 km/h		
27.06.2005	13.00 Uhr	23 °C	leicht bewölkt	41%	8 km/h	4.45 Uhr	16
27.06.2005	22.00 Uhr	21 °C	leicht bewölkt	39%	5 km/h	21.34 Uhr	
28.06.2005	4.30 Uhr	16 °C	leicht bewölkt	66%	5 km/h		
28.06.2005	15.00 Uhr	23 °C	leicht bewölkt	40%	6 km/h		15
28.06.2005	22.00 Uhr	21 °C	leicht bewölkt	43%	5 km/h		
29.06.2005			komplette Bewölkung				
29.06.2005	15.00 Uhr	26 °C	locker bewölkt	38%	4 km/h	4.46 Uhr	14
29.06.2005	22.00 Uhr	21 °C	leicht bewölkt	57%	6 km/h	21.33 Uhr	
28.07.2005							
28.07.2005	15.00.Uhr	21 °C	locker bewölkt	55%	3 km/h	5.20 Uhr	8
28.07.2005	22.00 Uhr	22 °C	leicht bewölkt	65%	3 km/h	21.05 Uhr	
29.07.2005	5.00 Uhr	23 °C	locker bewölkt	80%	2 km/h		
29.07.2005							7
29.07.2005							
01.08.2005							
01.08.2005						5.26 Uhr	8
01.08.2005	21.30 Uhr	18 °C	leicht bewölkt	55%	2 km/h	20.58 Uhr	
02.08.2005	5.00 Uhr	15 °C	fast wolkenlos	70%	0		
02.08.2005	14.50 Uhr	23 °C	leicht bewölkt	45%	1 km/h		10
02.08.2005	21.12 Uhr	20 °C	leicht bewölkt	54%	2 km/h		
08.08.2005							
08.08.2005						5.37 Uhr	11
08.08.2005	21.30 Uhr	18 °C	leicht bewölkt	58%	5 km/h	20.45 Uhr	
11.08.2005.							
11.08.2005						5.42 Uhr	1
11.08.2005	21.00 Uhr	17 °C	leicht bewölkt	67%	6 km/h	20.40 Uhr	

16.08.2005							
16.08.2005	15.00 Uhr	23 °C	locker bewölkt	55%	5 km/h	5.51 Uhr	11
16.08.2005	20.30 Uhr	18 °C	leicht bewölkt	69%	4 km/h	20.29 Uhr	
17.08.2005	5.40 Uhr	13 °C	fast wolkenlos	87%	2 km/h		
17.08.2005	15.00 Uhr	21 °C	fast wolkenlos	55%	2 km/h		7
17.08.2005	20.30 Uhr	21 °C	fast wolkenlos	59%	4 km/h		
18.08.2005							
18.08.2005	14.30 Uhr	24 °C	fast wolkenlos	47%	6 km/h		14
18.08.2005	20.30 Uhr	25 °C	fast wolkenlos	51%	6 km/h		
19.08.2005	6.00 Uhr	17 °C	leicht bewölkt	67%	2 km/h		
19.08.2005						5.56 Uhr	12
19.08.2005						20.23 Uhr	
22.08.2005							
22.08.2005						6.00 Uhr	11
22.08.2005	20.30 Uhr	24 °C	leicht bewölkt	47%	5 km/h	20.17 Uhr	
24.08.2005							
24.08.2005						6.04 Uhr	6
24.08.2005	20.30 Uhr	21 °C	leicht bewölkt	56%	2 km/h	20.12 Uhr	
29.08.2005							
29.08.2005	15.00 Uhr	27 °C	wolkenlos	41%	6 km/h		13
29.08.2005	20.00 Uhr	26 °C	wolkenlos	44%	2 km/h		
30.08.2005	6.00 Uhr	26 °C	wolkenlos	48%	0		
30.08.2005	15.00 Uhr	17 °C	wolkenlos	73%	2 km/h	6.14 Uhr	12
30.08.2005						19.59 Uhr	
03.09.2005							
03.09.2005							1
03.09.2005	20.00 Uhr	20 °C	wolkig	70%	6 km/h		
04.09.2005	6.00 Uhr	12 °C	wolkenlos	92%	3 km/h		
04.09.2005	15.00 Uhr	24 °C	wolkenlos	42%	7 km/h	6.22 Uhr	12
04.09.2005	20.00 Uhr	22 °C	wolkenlos	50%	8 km/h	19.48 Uhr	
05.09.2005	6.00 Uhr	13 °C	wolkenlos	89%			
05.09.2005	15.00 Uhr	25 °C	wolkenlos	36%	6 km/h		12
05.09.2005	20.00 Uhr	24 °C	wolkenlos	40%	7 km/h		
06.09.2005	6.00 Uhr	14 °C	wolkenlos	82%	6 km/h		
06.09.2005	15.00 Uhr	26 °C	wolkenlos	40%	16 km/h		12
06.09.2005	20.00 Uhr	25 °C	wolkenlos	40%	17 km/h		
07.09.2005	6.00 Uhr	16 °C	fast wolkenlos	72%	8 km/h		
07.09.2005	15.00 Uhr	26 °C	fast wolkenlos	40%	9 km/h	6.27 Uhr	12
07.09.2005	20.00 Uhr	25 °C	heiter	40%	5 km/h	19.41 Uhr	
08.09.2005	6.00 Uhr	15 °C	fast wolkenlos	83%	4 km/h		
08.09.2005	15.00 Uhr	28 °C	wolkenlos	45%	8 km/h		12
08.09.2005	20.00 Uhr	27 °C	wolkenlos	45%	5 km/h		
09.09.2005	6.00 Uhr	16 °C	wolkenlos	87%	3 km/h		
09.09.2005	15.00 Uhr	28°C	fast wolkenlos	37%	6 km/h		12
09.09.2005							
18.09.2005							
18.09.2005						6.45 Uhr	13
18.09.2005	19.30.Uhr	13 °C	fast wolkenlos	53%	4 km/h	19.15 Uhr	
19.09.2005	6.30 Uhr	9 °C	locker bewölkt	88%	4 km/h		
19.09.2005							7
19.09.2005							
21.09.2005							
21.09.2005						6.50 Uhr	1
21.09.2005	19.00 Uhr	17 °C	stark bewölkt	67%	9 km/h	19.07 Uhr	

22.09.2005	6.50 Uhr	12 °C	wolkenlos	89%	7 km/h		
22.09.2005	14.00 Uhr	21 °C	wolkenlos	44%	9 km/h		11
22.09.2005							
23.09.2005	7.00 Uhr	11 °C	wolkenlos	83%	5 km/h		
23.09.2005	14.00 Uhr	22 °C	fast wolkenlos	48%	4 km/h	6.54 Uhr	11
23.09.2005	19.00 Uhr	19 °C	wolkenlos	57%	10 km/h	19.03 Uhr	
24.09.2005	6.40 Uhr	12 °C	wolkenlos	86%	7 km/h		
24.09.2005	14.00 Uhr	23 °C	fast wolkenlos	50%	9 km/h	6.57 Uhr	10
24.09.2005	19.00 Uhr	20 °C	fast wolkenlos	67%	4 km/h		
25.09.2005	7.00 Uhr	13 °C	locker bewölkt	85%	4 km/h		
25.09.2005	14.00 Uhr	23 °C	fast wolkenlos	54%	3 km/h		10
25.09.2005	18.40 Uhr	21 °C	fast wolkenlos	59%	7 km/h		
05.10.2005							
05.10.2005	13.30.Uhr	11 °C	locker bewölkt	88%	15 km/h	7.14 Uhr	10
05.10.2005	18.30 Uhr	10 °C	fast wolkenlos	82%	11 km/h	18.34 Uhr	
07.10.2005	7.00 Uhr	10 °C	fast wolkenlos	88%	12 km/h		
07.10.2005	14.00 Uhr	12 °C	locker bewölkt	63%	17 km/h	7.18 Uhr	9
07.10.2005	18.30 Uhr	10 °C	locker bewölkt	77%	10 km/h	18.29 Uhr	
08.10.2005	7.00 Uhr	10 °C	locker bewölkt	84%	9 km/h		
08.10.2005							9
08.10.2005							
12.10.2005	7.00 Uhr	10 °C	locker bewölkt	77%	14 km/h		
12.10.2005	14.00 Uhr	11 °C	fast wolkenlos	66%	9 km/h	7.27 Uhr	10
12.10.2005	18.30 Uhr	10 °C	wolkenlos	73%	7 km/h	18.18 Uhr	
13.10.2005	7.15 Uhr	8 °C	leicht bewölkt	55%	8 km/h		
13.10.2005	13.00 Uhr	17 °C	leicht bewölkt	87%	6 km/h	7.30 Uhr	10
13.10.2005	18.30 Uhr	12 °C	leicht bewölkt	70%	3 km/h	18.14 Uhr	
14.10.2005	7.15 Uhr	8 °C	leicht bewölkt	55%	12 km/h		
14.10.2005	13.00 Uhr	17 °C	leicht bewölkt	87%	10 km/h	7.30 Uhr	10
14.10.2005	18.30 Uhr	12 °C	leicht bewölkt	70%	6 km/h	18.14 Uhr	
19.10.2005							
19.10.2005.	13.30 Uhr	12 °C	heiter	60%	14 km/h	7.39 Uhr	5
19.10.2005.						18.10 Uhr	
27.10.2005							
27.10.2005	12.30 Uhr	17 °C	leicht bewölkt	77%	8 km/h		8
27.10.2005							
28.10.2005	7.00 Uhr	11 °C	leicht bewölkt	68%	10 km/h		
28.10.2005	14.40 Uhr	17 °C	leicht bewölkt	67%	13 km/h	7.55 Uhr	9
28.10.2005	18.00 Uhr	15 °C	fast wolkenlos	61%	19 km/h	17.44 Uhr	
31.10.2005	7.30 Uhr	7 °C	klar	85%	13 km/h		
31.10.2005	14.30 Uhr	13 °C	heiter	60%	20 km/h	7.01 Uhr	8
31.10.2005						16.38 Uhr	
09.11.2005	8.00 Uhr	7 °C	fast wolkenlos	82%	14 km/h		
09.11.2005	13.00 Uhr	13 °C	fast wolkenlos	62%	12 km/h	7.18 Uhr	6
09.11.2005						16.23 Uhr	
14.11.2005							
14.11.2005	13.30 Uhr	7°C	heiter	80%	5 km/h	7.23 Uhr	0
14.11.2005						16.14 Uhr	
17.11.2005	8.00 Uhr	1 °C	fast wolkenlos	83%	8 km/h		
17.11.2005						7.32 Uhr	1
17.11.2005						16.10 Uhr	

26.11.2005							
26.11.2005	13.00 Uhr	3 °C	fast wolkenlos	58%	15 km/h	7.47 Uhr	8
26.11.2005						16.00 Uhr	
28.11.2005	8.30 Uhr	minus 2 °C	bedeckt	75%	13 km/h		
28.11.2005						7.47 Uhr	0
28.11.2005						16.00 Uhr	
01.12.2005	08.00 Uhr	0 °C	fast wolkenlos	83%	12 km/h		
01.12.2005						7.55 Uhr	6
01.12.2005	17.30 Uhr	0 °C	fast wolkenlos	65%	17 km/h	15.56 Uhr	
02.12.2005							
02.12.2005							4
02.12.2005	17.30 Uhr	0 °C	leicht bewölkt	75%	19 km/h		
09.01.2006	9.00 Uhr	minus 8 °C	wolkenlos	80%	13 km/h	8.15 Uhr	
09.01.2006	13.00 Uhr	minus 4 °C	wolkenlos	69%	16 Km7H	16.11 Uhr	6
09.01.2006							
10.01.2006	8.30 Uhr	minus 6 °C	wolkenlos	80%	12 km/h		
10.01.2006						8.14 Uhr	6
10.01.2006	17.30Uhr	minus 1 °C	leicht bewölkt	73%	14 km/h	16.14 Uhr	
11.01.2006	8.30 Uhr	minus 4 °C	leicht bewölkt	80%	9 km/h		
11.01.2006	15.00 Uhr	3 °C	leicht bewölkt	63%	12 km/h		7
11.01.2006	17.30 Uhr	1 °C	leicht bewölkt	65%	15 km/h		
17.01.2006	8.30 Uhr	minus 6 °C	wolkenlos	70%	11 km/h		
17.01.2006	13.00 Uhr	1 °C	fast wolkenlos	60%	14 km/h	08.08 Uhr	5
17.01.2006						16.25 Uhr	
23.01.2006	8.30 Uhr	minus 17 °C	wolkenlos	70%	9 km/h		
23.01.2006	13.00 Uhr	minus 14 °C	wolkenlos	58%	11 km/h	08.01 Uhr	7
23.01.2006						16.35 Uhr	
24.02.2006							
24.02.2006	14.00 Uhr	3 °C	fast wolkenlos	60%	18 km/h	7.04 Uhr	9
24.02.2006	19.00 Uhr	2 °C	fast wolkenlos	62%	19 km/h	17.36 Uhr	
23.03.2006							
23.03.2006						06.03 Uhr	11
23.03.2006	20.00 Uhr	4,3 °C	wolkenlos	48%	12 km/h	18.34 Uhr	
24.03.2006	07.00 Uhr	minus 0,4 °C	fast wolkenlos	67%	7 km/h		
24.03.2006						06.00 Uhr	10
24.03.2006						18.26 Uhr	
25.04.2006							
25.04.2006						5.48 Uhr	13
25.04.2006	20.30 Uhr	20 °C	klar	40%	8 km/h	20.22 Uhr	
26.04.2006	5.30 Uhr	12 °C	klar	80%	10 km/h		
26.04.2006						5.46 Uhr	5
26.04.2006						20.24 Uhr	
02.05.2006	20.30 Uhr	16 °C	klar	50%	12 km/h	5.34 Uhr	6
02.05.2006						20.34 Uhr	
02.05.2006							

11.06.2006	4.30 Uhr	12 °C	gering bewölkt	75%	5 km/h	4.44 Uhr	16
11.06.2006						21.29 Uhr	
11.06.2006	21.30 Uhr	26 °C	gering bewölkt	40%	7 km/h		
12.06.2006	4.30 Uhr	16 °C	gering bewölkt	75%	2 km/h	4.43 Uhr	16
12.06.2006	13.30 Uhr	28 °C	wolkenlos	25%	9 km/h	21.30 Uhr	
12.06.2006							
13.06.2006	4.30 Uhr	19 °C	gering bewölkt	65%	3 km/h		16
13.06.2006							
13.06.2006	22.00 Uhr	25 °C	fast wolkenlos	37%	6 km/h		
14.06.2006	4.20 Uhr	20 °C	gering bewölkt	55%	4 km/h	4.43 Uhr	16
14.06.2006						21.31 Uhr	
14.06.2006	21.30 Uhr	26 °C	gering bewölkt	35%	13 km/h		
15.06.2006	4.30 Uhr	20 °C	gering bewölkt	55%	8 km/h		15
15.06.2006							
15.06.2006							
19.06.2006							
19.06.2006	13.00 Uhr	29 °C	leicht bewölkt	40%	10 km/h	4.43 Uhr	11
19.06.2006						21.33 Uhr	
21.06.2006							
21.06.2006						4.43 Uhr	9
21.06.2006	22.00 Uhr	21 °C	leicht bewölkt	73%	9 km/h	21.34 Uhr	
22.06.2006	4.15 Uhr	18 °C	bewölkt	80%	8 km/h		
22.06.2006	13.15 Uhr	24 °C	wolkig	49%	18 km/h		8
22.06.2006	22.00 Uhr	18 °C	fast wolkenlos	43%	9 km/h		
25.06.2006						4.44 Uhr	
25.06.2006						21.34 Uhr	13
25.06.2006	21.30 Uhr	29 °C	gering bewölkt	35%	8 km/h		
26.06.2006							
26.06.2006							10
26.06.2006	21.30 Uhr	25 °C	gering bewölkt	50%	5 km/h		
12.07.2006							
12.07.2006	13.00 Uhr	26 °C	leicht bewölkt	56%	6 km/h	4.58 Uhr	13
12.07.2006	21.30 Uhr					21.26 Uhr	
13.07.2006	4.30 Uhr	19 °C	gering bewölkt	85%	8 km/h		
13.07.2006	13.14 Uhr	29 °C	leicht bewölkt	49%	10 km/h		10
13.07.2006	21.30 Uhr	24 °C	wolkig	80%	14 km/h		
16.07.2006							
16.07.2006						5.03 Uhr	13
16.07.2006	21.30 Uhr	22 °C	gering bewölkt	45%	10 km/h	21.22 Uhr	
17.07.2006							
17.07.2006	12.30 Uhr	25 °C	wolkenlos	30%	9 km/h		16
17.07.2006	21.50 Uhr	23 °C	leicht bewölkt	43%	6 km/h		
18.07.2006	4.30 Uhr	17 °C	gering bewölkt	80%	5 km/h		
18.07.2006							16
18.06.2006							
19.07.2006	4.40 Uhr	18 °C	gering bewölkt	70%	5 km/h	5.07 Uhr	
19.07.2006						21.18 Uhr	16
19.07.2006	21.30 Uhr	27 °C	gering bewölkt	35%	7 km/h		
20.07.2006	4.40 Uhr	21°C	gering bewölkt	70%	7 km/h		
20.07.2006	14.00 Uhr	35°C	leicht bewölkt	19%	6 km/h		14
20.07.2006	21.30 Uhr	31 °C	gering bewölkt	30%			
21.07.2006	4.30 Uhr	24 °C	gering bewölkt	60%	8 km/h		
21.07.2006						5.09 Uhr	12
21.07.2006						21.26 Uhr	

27.06.2006	4.15 Uhr	20 °C	klar	75%	5 km/h		
27.06.2006							12
27.06.2006							
29.06.2006						4.46 Uhr	
29.06.2006	12.30 Uhr	21 °C	wolkig	45%	9 km/h	21.33 Uhr	10
29.06.2006	21.30 Uhr	18 °C	klar	55%	14 km/h		
30.06.2006	04.30 Uhr	14 °C	klar	75 5	6 km/h		
30.06.2006							1
30.06.2006							
02.07.2006						4.48 Uhr	
02.07.2006						21.32 Uhr	16
02.07.2006	21.40 Uhr	24 °C	gering bewölkt	35%	14 km/h		
03.07.2006	4.30 Uhr	17 °C	gering bewölkt	65%	12 km/h		
03.07.2006							16
03.07.2006							
04.07.2006							
04.07.2006						4.51 Uhr	16
04.07.2006	21.40 Uhr	26 °C	klar	20%	8 km/h	21.31 Uhr	
05.07.2006	4.30 Uhr	20 °C	fast wolkenlos	70%	7 km/h		
05.07.2006							16
05.07.2006							
06.07.2006							
06.07.2006	14.00 Uhr	32 °C	fast wolkenlos	20%	11 km/h	4.52 Uhr	13
06.07.2006						21.26 Uhr	
12.07.2006							
12.07.2006	13.00 Uhr	26 °C	leicht bewölkt	56%	10 km/h	4.58 Uhr	13
12.07.2006	21.30 Uhr					21.26 Uhr	
13.07.2006	4.30 Uhr	19 °C	klar	85%	9 km/h		
13.07.2006	13.14 Uhr	29 °C	leicht bewölkt	49%	10 km/h		10
13.07.2006	21.30 Uhr	24 °C	wolkig	80%	17 km/h		
16.07.2006							
16.07.2006						5.03 Uhr	13
16.07.2006	21.30 Uhr	22 °C	klar	45%	6 km/h	21.22 Uhr	
17.07.2006							
17.07.2006	12.30 Uhr	25 °C	wolkenlos	30%	8 km/h		16
17.07.2006	21.50 Uhr	23 °C	leicht bewölkt	43%	3 km/h		
18.07.2006	4.30 Uhr	17 °C	klar	80%	4 km/h		
18.07.2006							16
18.07.2006							
19.07.2006	4.40 Uhr	18 °C	klar	70%	3 km/h	5.07 Uhr	
19.07.2006						21.18 Uhr	16
19.07.2006	21.30 Uhr	27 °C	klar	35%	6 km/h		
20.07.2006	4.40 Uhr	21°C	klar	70%	4 km/h		
20.07.2006	14.00 Uhr	35 °C	leicht bewölkt	19%	5 km/h		14
20.07.2006	21.30 Uhr	31 °C	klar	30%			
21.07.2006	4.30 Uhr	24 °C	klar	60%	10 km/h		
21.07.2006						5.09 Uhr	12
21.07.2006						21.26 Uhr	
24.07.2006							
24.07.2006						5.14 Uhr	14
24.07.2006	21.30 Uhr	27 °C	klar	45%	9 km/h	21.12 Uhr	

25.07.2006	4.50 Uhr	20 °C	leicht bewölkt	71%	5 km/h		
25.07.2006	13.00 Uhr	29 °C	leicht bewölkt	44%	6 km/h		14
25.07.2006	21.20 Uhr	26 °C	klar	40%	8 km/h		
26.07.2006	4.50 Uhr	19 °C	klar	68%	13 km/h		
26.07.2006						5.17 Uhr	15
26.07.2006	21.20 Uhr	29 °C	klar	30%	10 km/h	21.09 Uhr	
27.07.2006							
27.07.2006	13.00 Uhr						14
27.07.2006	21.15 Uhr	33 °C	bewölkt	25%	12 km/h		
28.07.2006	5.00 Uhr	24 °C	bewölkt	41%	14 km/h		
28.07.2006						5.20 Uhr	5
28.07.2006						21.05 Uhr	
01.08.2006	5.00 Uhr	16 °C	leicht bewölkt	65%	9 km/h	5.26 Uhr	
01.08.2006						20.59 Uhr	10
01.08.2006	21.15 Uhr	22 °C	klar	55%	15 km/h		
02.08.2006	5.00 Uhr	17 °C	leicht bewölkt	75%	6 km/h		
02.08.2006							10
02.08.2006							
15.08.2006							
15.08.2006	12.40 Uhr	19 °C	bewölkt	90%	10 km/h	5.49 Uhr	2
15.08.2006	21.00 Uhr	18,5 °C	klar	70%	6 km/h	20.32 Uhr	
16.08.2006							
16.08.2006			leichter Regen				7
16.08.2006	21.30 Uhr	18 °C	bewölkt	70%	5 km/h		
17.08.2006	5.30 Uhr	15 °C	Nebel	95-100 %	5 km/h		
17.08.2006	13.00 Uhr	24 °C	bewölkt	60%	11 km/h	5.52 Uhr	8
17.08.2006	21.00 Uhr	24 °C	fast wolkenlos	58%	7 km/h	20.28 Uhr	
18.08.2006	5.30 Uhr	19 °C	fast wolkenlos	70%	13 km/h		
18.08.2006							4
18.08.2006							
27.08.2006							
27.08.2006						6.08 Uhr	4
27.08.2006	20.30 Uhr	17°C	bewölkt	80%	6 km/h	20.06 Uhr	
11.09.2006							
11.09.2006	13.00 Uhr	23,3 °C	fast wolkenlos	42%	15 km/h		12
11.09.2006	20.30 Uhr	21 °C	klar	50%	9 km/h		
12.09.2006	6.00 Uhr	12,8 °C	klar	41%	5 km/h		
12.09.2006						6.35 Uhr	12
12.09.2006						19.29 Uhr	
13.09.2006							
13.09.2006							12
13.09.2006	20.00 Uhr	23,5 °C	wolkenlos	41%	8 km/h		
14.09.2006							
14.09.2006	13.00 Uhr	24 °C	fast wolkenlos	45%	16 km/h	6.38 Uhr	12
14.09.2006						19.25 Uhr	

Anhang V Gerätespezifikation

Thermalbildkamera Agema 570

- Kameratyp: AGEMA ThermoVision 570
- Detectortyp: Focal Plane Array, ungekühltes Mikrobolometer 320 x 240 Pixel
- Spektralbereich: 7,5 µm – 13 µm, integrierter Atmosphärenfilter ab 7,5 µm
- Blickfeld (FOV): 24° x 18°
- Messbereich: -20 °C bis 500 °C
- Messgenauigkeit: ± 2 % des Bereiches oder ± 2 °C
- Thermische Auflösung: 0,1 K
- Pixelgröße: 320 x 240 Pixel, 60 Hz NTSC/50 Hz PAL

Strahlungspyrometer KT 19,82 Heitronics

(zur Validierung der Messungen mit der TM-Kamera)

- Spektralbereich: 8 µm – 14 µm
- Temperaturmessbereich: -50 ... 1000 °C
- Temperaturauflösung: ± 0,1 °C
- Genauigkeit: ± 0,5 °C plus 0,7 % der Temperatur des Messobjektes und der Gehäusetemperatur
- Zulässige Umgebungstemperatur: -20 ... 60 °C

Anhang VI Übersicht der Satellitenszenen

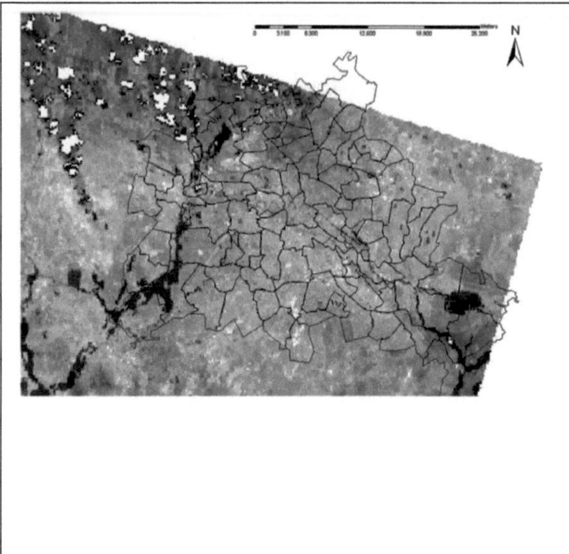

Satellit	TERRA
Sensor	ASTER
Aufnahme-datum	02.04.2001
Aufnahme-zeitpunkt	10.30 Uhr MEZ
Flughöhe	708 km
Preprocessing Level	1b
Image: TIR, Band 10,11,12,13 und 14	

Satellit	TERRA
Sensor	ASTER
Aufnahme-datum	26.10.2001
Aufnahme-zeitpunkt	21.50 Uhr MEZ
Flughöhe	708 km
Preprocessing Level	1b
Image: TIR, Band 10,11,12,13 und 14	

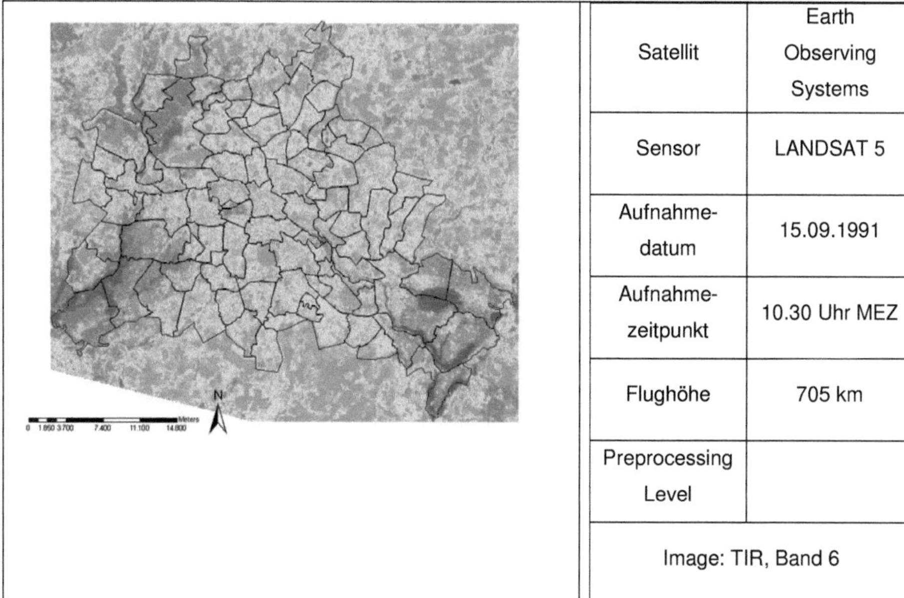

Satellit	Earth Observing Systems
Sensor	LANDSAT 5
Aufnahme-datum	15.09.1991
Aufnahme-zeitpunkt	10.30 Uhr MEZ
Flughöhe	705 km
Preprocessing Level	
Image: TIR, Band 6	

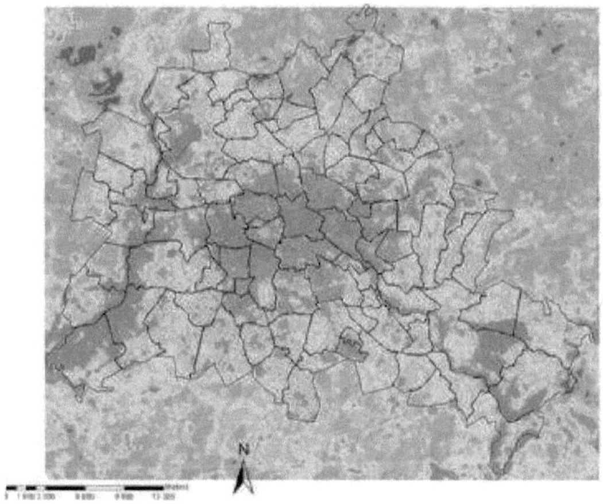

Satellit	Earth Observing Systems
Sensor	LANDSAT 5
Aufnahme-datum	14.09.1991
Aufnahme-zeitpunkt	21.45 Uhr MEZ
Flughöhe	705 km
Preprocessing Level	
Image: TIR, Band 6	

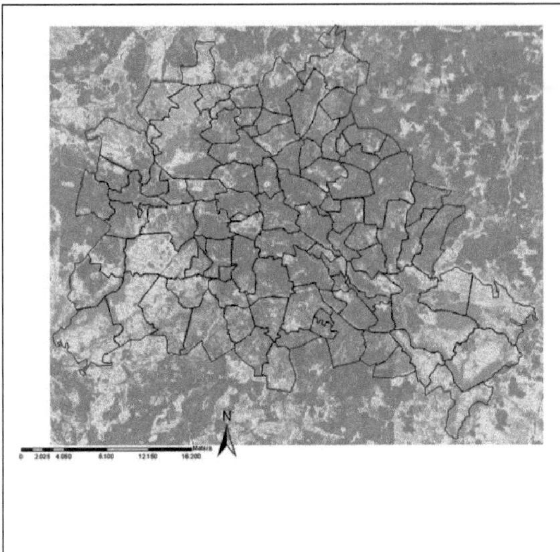

Satellit	Earth Observing Systems
Sensor	LANDSAT 7
Aufnahmedatum	14.08.2000
Aufnahmezeitpunkt	10.30 Uhr
Flughöhe	705 km
Preprocessing Level	
Image: TIR, Band 6	

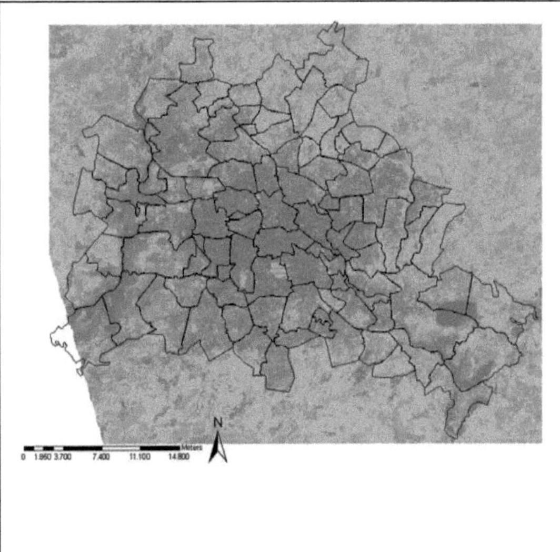

Satellit	Earth Observing Systems
Sensor	LANDSAT 7
Aufnahmedatum	13.08.200
Aufnahmezeitpunkt	21.45 Uhr
Flughöhe	705 km
Preprocessing Level	
Image: TIR, Band 6	

Anhang VII ENVImet Parameter einer Beispiel Modellierung

Parameter	Wert
Startzeit - Tag	24.07.2007
Startzeit - Uhrzeit	1.00 Uhr
Simulationsdauer [h]	24
Speicherintervall der Simulation [min]	20
Windrichtung [0-N, 90-O, 180-S, 270-W]	270
Windgeschwindigkeit [m/s]	3
Relative Feuchte in 2 m [%]	50
Initial Temperatur Boden und Oberfläche [K]	300
Initial Temperatur der Atmosphäre [K]	308
	10 x 10 x 2 m.
Vegetationsparameter	DM – große Laubbäume 20 m, xx – Gras ds – kleine Laubbäume 10 m
Bodenparameter	p – Bürgersteig, Beton s – Straße, Asphalt

Modellinput der Vegetations- und Bodenparameter

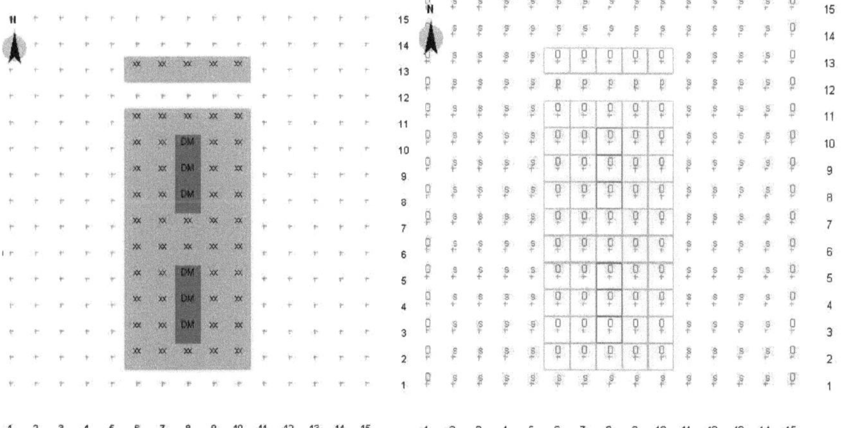

Anhang VIII Verwendete Software

Software	Nutzung
ArcGis 9.0	GIS, Datenauswertung und -aufbereitung
ArcView 3.2	GIS, Datenauswertung und -aufbereitung
ERDAS mit dem Add On Modul ATCOR, Version 9.0	Auswertung der Satellitendaten, Atmosphärenkorrektur
ENVI 4.2	Auswertung der Satellitendaten
OriginPro 7.5	Statistische Auswertung, Ergebnisdarstellung
Irwin Report 5.21, Copyright 1996-1997 AGEMA Infrared Systems AB	Auswertung der Thermalbilder der Wärmebildkamera
LEONARDO 3.5 Beta	Visualisierung der ENVImet Modellierungen
ENVImet V3.0	Modellberechnungen
Google Earth	Satellitenbilder
STATISTICA 6.0	Statistische Auswertung, Ergebnisdarstellung

Printed by Books on Demand GmbH, Norderstedt / Germany